堤治

環境生殖学入門

毒か薬か環境ホルモン

朝日出版社

目次

単位の話

基本単位を「メートル」とし、一辺がそれぞれの単位を示す四角形に、同程度の大きさのものを乗せた。「1」は1メートルで、それぞれの単位には1000倍の開きがある。

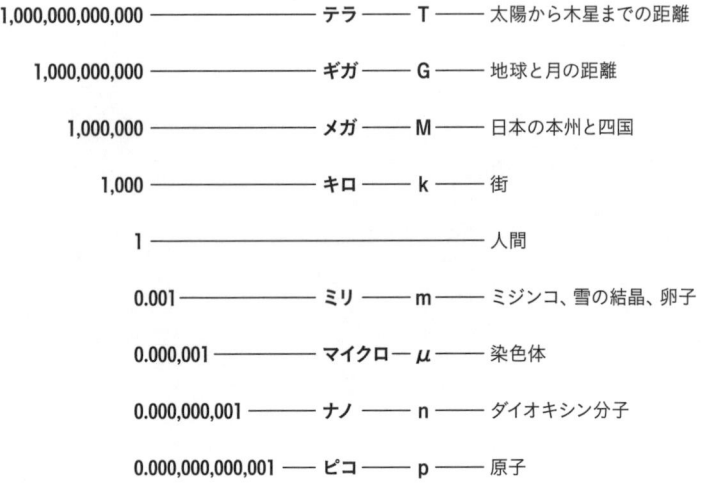

1,000,000,000,000	**テラ**	**T**	太陽から木星までの距離
1,000,000,000	**ギガ**	**G**	地球と月の距離
1,000,000	**メガ**	**M**	日本の本州と四国
1,000	**キロ**	**k**	街
1			人間
0.001	**ミリ**	**m**	ミジンコ、雪の結晶、卵子
0.000,001	**マイクロ**	**μ**	染色体
0.000,000,001	**ナノ**	**n**	ダイオキシン分子
0.000,000,000,001	**ピコ**	**p**	原子

1メートルの1000倍、1キロメートル上空からは街が見え、その1000倍、1メガメートル（100万メートル）上空からは日本列島の本州と四国が見える。

一方、1メートルの1000分の1、1ミリメートルではミジンコや雪の結晶、小さな卵子がある。ミリの1000分の1、1マイクロメートル（100万分の1メートル）では染色体。さらにマイクロの1000分の1の1ナノメートル（10億分の1メートル）ではダイオキシン分子、ナノの1000分の1の1ピコメートル（1兆分の1メートル）では原子が見える。

長さを表すメートルに対して、重さはグラム、濃度はモルで表現する。

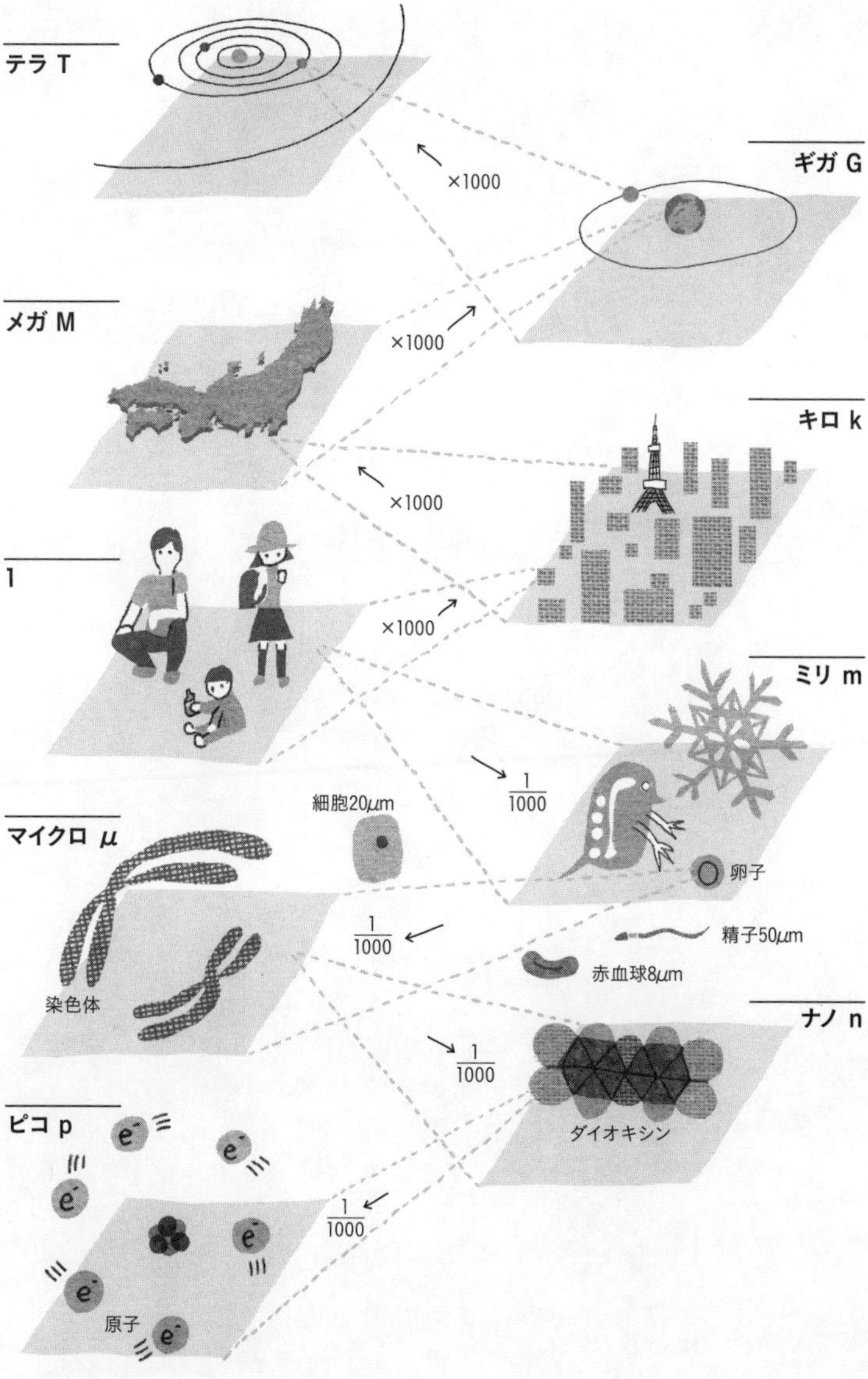
テラ T
×1000
ギガ G
メガ M
×1000
キロ k
×1000
1
×1000
ミリ m
1/1000
細胞20μm
マイクロ μ
卵子
1/1000
精子50μm
赤血球8μm
染色体
ナノ n
1/1000
ピコ p
ダイオキシン
1/1000
原子

はじめに

私は産婦人科医です。主な仕事の一つは出産に立ち会うことです。一つの生命がこの世に生まれてくる貴重な瞬間に立ち会える、その瞬間をともにできることは幸せで、素晴らしい職業であると思っています。

とくに、不妊症を克服された方の妊娠経過を診て、元気な赤ちゃんが生まれ、お母さんと一緒に退院するのを見送るときなど喜びはひとしおです。一つ一つ違う人生の始まりに、今後の人生に思いを巡らせ、幸せを祈ることにまさる喜びはありません。

ところが近年、そんな私を不安にさせる懸念が生じてきました。環境汚染やいわゆる環境ホルモンの問題です。産婦人科医が心配することではなかろうと思われるかもしれません。実際私自身、ほんの数年前まで環境問題への関心は高くありませんでした。

しかし、考えてみると、胎児は成人に比べ化学物質全般に対して感受性が高い。つまり、影響を受けやすいことは事実です。胎児期の子宮の中の環境が、胎児の発育だけではなく、生まれてからの健康状態やさまざまな病気の発症と関係することも明らかです。胎児期のできごとは生まれてからの一生を左右する、このことを肝に銘じなければいけません。

思い返しますと、五〇年くらい前にアメリカで流産予防薬として妊婦さんに投与されたDES（ジエチルスチルベステロール）という薬は胎児に作用して、出生後、女の子の場合、膣(ちつ)ガンを起こしたという歴史的な苦い経験もありました。

効果があると信じて使う薬の思いがけない副作用に気づくことができず、患者さんに迷惑をかけてしまったというできごとは、医療に携わる私たちには永遠の課題です。

このDESとの関係は明らかではありませんが、最近不妊症の方や子宮内膜症・子宮内膜ガンの患者さんが増えていることは、臨床の場で強く感じるところでもあります。

また疑問を差し挟む方もいらっしゃるにしても、信頼できるデータによれば、人類の精子が減ってきているという話も聞き捨てなりません。そんなわけで遅ればせながらこの数年間、産婦人科医の立場から環境ホルモン問題に取り組んできました。

環境ホルモン（正式には内分泌撹乱物質）と言いますと、百年前にはほとんど存在せず、問題にならなかったものです。大量生産・大量消費という現代文明を維持するために作り出される化学物質が、われわれの環境を汚染しています。その中には、環境ホルモンと言われる、動物や人間の体内でホルモンと同じように働き、特殊な作用を及ぼす物質があったのです。

環境ホルモンというとダイオキシンを挙げる人が多いでしょう。ゴミの焼却場から発生する煙を思い浮かべるかもしれません。ＤＤＴ、ＰＣＢといったかつてよく用いられ、いまは使用が禁止されているものも該当します。日常的に使用するプラスチック製品から溶け出すビスフェノールＡ等は環境中に存在するだけでなく、人体からも検出されます。

シーア・コルボーンらの『奪われし未来』（*"Our Stolen Future"*, 1996）に示されているように、環境を汚染したこれらの物質が生物に取り込まれ、蓄積した結果、野生動物においては生殖異変が明らかになり、絶滅に瀕している動物種もいるわけです。

両生類、は虫類、魚類、鳥類、ほ乳類など、地球上の動物多くに生殖機能の異常等が認められる以上、ヒトにだけは無害であると考えるのは楽観的すぎましょう。

始めてみると環境ホルモンの研究は難しく、いろいろな壁にぶつかりました。現代の人間は皆少なからず環境ホルモンに汚染されているので、この影響を調べるときに比較の対象になる人、つまり環境ホルモンに汚染されていない人を探すことができないということも制約になります。科学はエビデンス（ある医学的事実に対する臨床的、学問的な証拠、裏付け）に基づいている必要があり、真実ならエビデンスがあるはずですが、なかなか一筋縄でいかないのが環境ホルモン研究です。

環境ホルモン問題はいまから七、八年前大変大きくクローズアップされ、メディアでも取り上げられました。ある地域の野菜が汚染されているという報道をめぐっては風評被害にあわれた方もいて、社会問題にもなりました。いろいろな報道に不安をもった人も多いでしょう。針小棒大な報道だと苦々しく思った人も少なくないかと思います。環境ホルモンをきっかけにメディアのあり方も問われた事件でした。

メディアと言えば、環境ホルモンの研究を始めたばかりの一九九八年、日本産婦人科学会会長（当時）の佐藤和雄先生から指示されて、フジテレビの「報道２００１」という番組で竹村健一氏とお話ししたことがあります。その際に、「白黒をつけるような研究成果がなくてつまらないが、科学者の正直な態度は評価できる」と言ってもらいました。

その言葉にも勇気づけられ、研究を積み重ねて来たと思いますし、またキャスターの田代尚子さんから「環境ホルモンは体内に蓄積するというが、体に悪いものなら取り出すすべはないのか」と訊かれ、蓄積されるばかりで防ぎようがない、と決め込んでいた自分の目からうろこの落ちる思いをしました。

＊　＊　＊

ここ数年進めてきた研究の展開が、昨年末からメディアでも大きく取り上げられているウクライナ大統領毒殺疑惑に結びつきうるとは夢にも思っていませんでした。

ウクライナ大統領候補ユーシェンコ氏の血液測定データが公表され、通常の六千倍という高濃度のダイオキシンが検出されたというニュースが届いたのは二〇〇四年十二月十六日、まさに環境ホルモン学会・環境省国際シンポジウムが名古屋で開催されているときでした。

外国からの専門家も含めて大きな話題になりましたが、そのとき私の研究グループはダイオキシンの体内濃度に関する測定成績を発表していました。

この研究をユーシェンコ氏の事例に当てはめて計算すると、「候補のリスクは?」「高く、危険だ」。「救うすべは?」「そうだ、われわれの方法を活かすしかない!」ということがまざまざと実感されたのです。

時事問題になりますが、その経緯も本書ではお話ししたいと思います。

本書では、ユーシェンコ問題を含めた環境ホルモンの最近のデータ、多くの研究者からの報告を、双方向性を心がけて分かりやすくお伝えし、皆さんと考えを深めていきたいと思います。

そのために、第一章からひとりの生徒さんに登場してもらいます。生徒さんは三十代の女性で、私の話への生徒さんからの質問、私から生徒さんへの設問など、実際の質疑応答に基づいています。読者のみなさんの理解が容易な議論の進め方が可能になると期待しています。

セレンディピティー（serendipity）という言葉をご存じでしょうか。同名の映画もありましたが、一般には「思わぬ発見をする才能」と訳されます。何の気なしに見逃してしまえばそれまでのことから、ある洞察によって、もともと求めていたわけではない物事を発見する才能・能力と言ってもいいでしょう。ニュートンが木からりんごが落ちるのを見て、万有引力を発見したのが好例だと思います。

環境ホルモンは人類が面している差し迫った危機の一つです。一部の論者がおっしゃるような、緊急性の低い問題ではありません。

ただ、かつての環境ホルモンの論議が始まったときに、十分なデータがないまま、科学的裏付けに乏(とぼ)しい主張も見られました。かといって環境ホルモンが過去の問題になったのではありません。心ある研究者はみな、真剣に研究に取り組み、着実に成果を出しています。

ですから、本書の趣旨は、いま改めて環境ホルモンの危機感を煽(あお)ろうというのではありません。環境ホルモンの存在やその広がりをきちんと認識する一方、環境ホルモンとヒトや胎児や精子や卵子、あるいは疾患との関係を見ていく中から、「思わぬ発見」との出会いに期待したいのです。

環境と生殖の接点をめぐる環境生殖学研究の中から、医学や科学の発展につながる新発見が期待されている事実を披露したいのです。英知をもってこの問題に取り組み、災いを転じて福となしてこそ、人類の未来は開けると確信しています。

序章

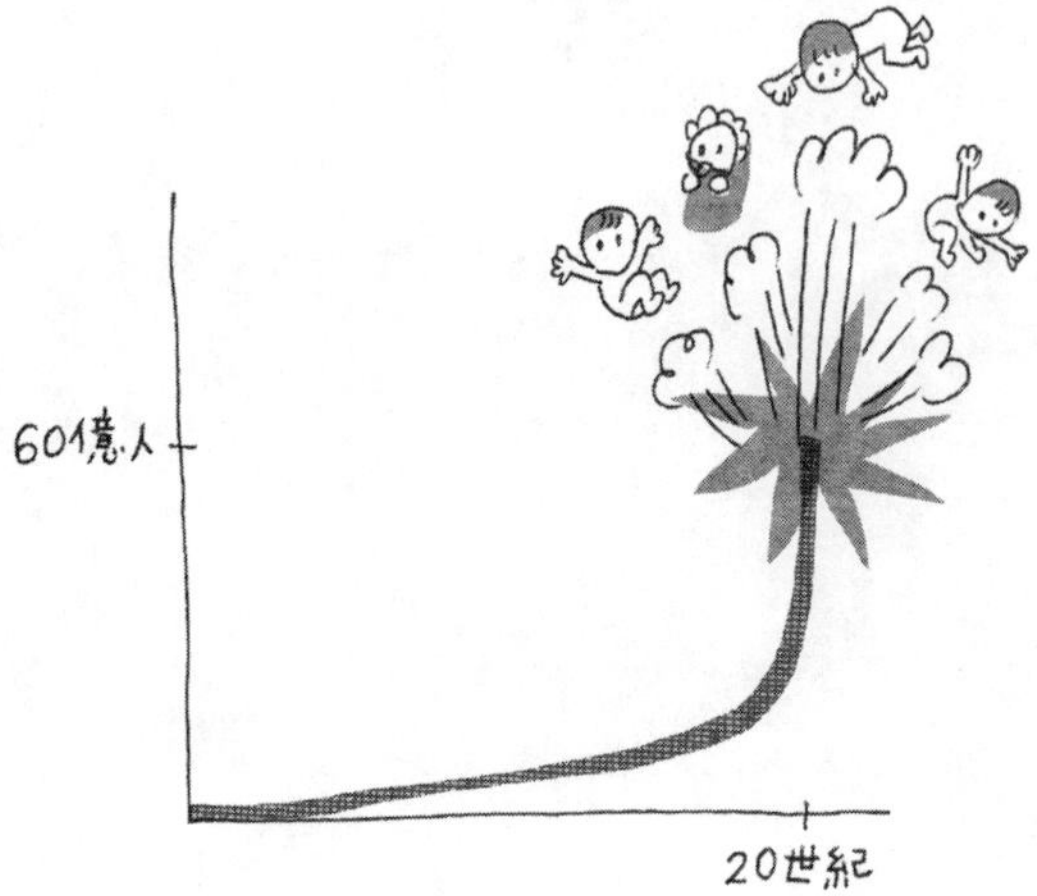
60億人
20世紀

未来への不安

二十世紀末、多くの人々が漠然と抱えていた疑問・不安が環境問題だったと思います。

二十世紀初頭には十六億であった地球上の人口が、世紀末には六十億を越え、百年で四十億以上の人口が増えました。紀元〇年ころは一億か二億であり、十五億増えるのに二千年近くかかったことを考えると、まさに二十世紀の地球人口増加は爆発的であり、人類の活発な活動や繁栄がどこまで続きうるのかという疑問がわきます。

人口爆発を支えるものは、大量生産、大量消費、大量廃棄であり、また化学文明であると言えましょう。人口爆発は結果として、さらに大量生産、大量消費、大量廃棄を加速します。この文明のあり方がどこまで持つのか、不安を感じるのは私だけではないはずです。過去に地球上で栄えた多くの種の繁栄が永続しなかったように、人類にも陰（かげ）りが来ないか、という不安は多くの人の心のどこかにあると思います。

さらに、環境汚染は具体的に公害という形をとって、われわれの前に目に見える形で警告を与えました。多くの被害者の犠牲と関係者の努力によって、公害に一定の対応がなされてきたと思います。

しかし、地球の人口はさらに爆発的に増え続けており、五〇年後には百億に達すると推計されます。その先の人類を待つものは何か。二十一世紀は環境の時代になるだろうという予言がなされていました。

そんな折にある意味でタイムリーに出版されたのが、『奪われし未来』（原著一九九六年、翻訳の刊行は翌年）でした。著者であるコルボーンらは、野生動物にみられる様々な異変を検証しました。

白頭ワシ、フロリダのワニといった様々な動物の生息数の減少は、単に環境汚染物質の毒性によるものではないことが重要な点です。

環境を汚染し環境中に蓄積しつつある化学物質の中には、内分泌つまりホルモンの作用を撹乱する物質があること、その物質は内分泌撹乱（かくらん）物質（日本では「環境ホルモン」と呼ばれることが多く、本書でも以下環境ホルモンと言います）であり、生殖機能への悪影響をもつことを様々な事例をもとに示しました。

『奪われし未来』は人々の漠然とした疑問・不安に答える形で、爆発的と言っていいほど、一気に世界中に広まりました。環境ホルモンの存在を世界に認知させて、環境ホルモン問題への国際的関心を高めたことはご承知だと思います。

日本においても多くのメディアに取り上げられ、国民の関心も高く、何十万部というベストセラーにもなりました。環境ホルモン問題がメディアで取り上げられない日は少ないというくらい、新聞、テレビ、ラジオ、雑誌等で盛んに論じられました。

その機運は日本の環境行政へも少なからず影響を与えたと思われます。その一つの成果が、いわゆるダイオキシン法（正式には「ダイオキシン類対策特別措置法」と言い、一九九九年に議員立法によって制定されました）の成立で、ゴミ焼却場のダイオキシン排出規制が実施され、日本におけるダイオキシンの環境への排出は軽減されていきました。

『奪われし未来』が人類の未来への変曲点になり、人類滅亡の危機を救う、そのように順調にことが運べばシナリオどおりであったでしょう。しかし、コルボーンらも認めているように『奪われし未来』に対して、あるいはそれに倣ったとされる数多くの出版物に対して、厳しい批判があったことも事実です。

曰く、局地的に汚染にさらされた特殊な野生動物に起こっている現象を、ヒトにあてはめて、人類が滅亡するとは何ごとか。動物実験や試験管の中の反応をみて、ヒトへの影響が分かるのか。ヒトの精子が半減などと不正確なデータでものを言っているが、実際は減っていないのではないか。取るに足らないリスク軽減のために巨額の費用を投じているが、国民の幸せのためにはもっと別になすべきことが多いのではないか。……

舌鋒は研究者や行政だけでなく、メディアにも及び、不正確な内容を人の不安を煽るように報道し、誤りをきちんと訂正しないと批判されました。たしかに日本でも埼玉県所沢の「野菜」のように、不正確な報道で思いもよらぬ風評被害にあわれた方もおられます。

産業界からは、環境ホルモンの「誤解」——有用で無害な化学物質への根拠のない疑惑——によって余分な労力を強いられる、という声も聞こえます。

はては環境ホルモンは人心を攪乱したとか、環境ホルモン問題は虚構であったという論調まで存在します。

　このような趨勢の中で、いまや環境ホルモンに関する警鐘本や、メディアによる啓蒙や警告の声は小さくなっているように思います。なぜでしょう。

「はじめに」でも申し上げたように、科学はエビデンス（ある事実に対する臨床的、学問的な証拠、裏付け）に基づいている必要があり、求めている事実が真実なら必ずエビデンスが得られるはずです。『奪われし未来』に記載されている、環境ホルモンによると思われる野生動物の生殖機能低下による生息数減少、言い換えれば生殖異変は事実として受け入れてよい、エビデンスそのものと言っていいでしょう。

　ところが、それがヒトに当てはまるかということを裏付けをもって実証できるかというと、大きなギャップがあります。

　批判の多くは、『奪われし未来』で語られている環境ホルモンのヒトへの影響はごく一部を除き、根拠を欠き、動物に起きた例外的事象をヒトに敷延して環境危機を煽っている、その煽りを受けて、メディアに先導された社会が過剰な反応を示したにすぎない、と言っています。

研究を高所から見据えた権威者の慧眼というものは、真実を見通すこともありますが、時には誤った方向を示してしまうこともないとは言えません。それによって本来は傾聴に値する洞察の正しさの一部が損なわれてしまうのです。その結果、洞察そのものまで否定の対象になってしまう事態も生じるのです。

　環境ホルモン問題が世間の耳目を集めるなかでなされた様々な議論の中で、とくにヒトへの影響が甚大である、あるいはこのままでは人類が滅亡するという論説には、根拠の弱いものがあったと思います。

　私自身研究に参加して思うのですが、なかなか一筋縄でいかないのが環境ホルモン研究です。よく指摘されるように、動物実験で得られた成績は必ずしもヒトに当てはまらず、試験管の中の真実だけをもって環境ホルモンに対する不安を煽ってはいけない、という指摘はそれはそれとして正しいと私も思っています。

環境生殖学のめばえ

『奪われし未来』で予言された環境ホルモンのヒトへの悪影響は、その時点で十分な証拠・裏付けがなかったという理由で強い反撃を受けました。しかし、その後の研究の展開は、多くの真実、エビデンスを明らかにしています。人類の未来を考えるときに、過去の研究やその解釈に勇み足があったからといって、すべてを否定していいのでしょうか。現在蓄積されつつある事実を事実として受け止める必要はあります。

環境ホルモンに対する意識は大きく右に左に揺れたかもしれませんが、いまこそデータの語りかける真実に虚心坦懐に耳を傾けるべきときでしょう。

かつて根拠が薄弱だと思われ攻撃の矢面に立っていた「キレる」子どものメカニズムについても、瓢簞から駒ではありませんが、関連する仕事が次々に発表されています（本書の第四章でご紹介します）。こういった仕事や、分子のレベルで環境ホルモンの働きを解明した世界的な業績に対して、「坊主憎けりゃ袈裟(けさ)まで憎い」という態度をとられては困ります。

「はじめに」にも述べましたが、私は産婦人科医であり、いわゆる生殖医療を専門に患者さんを診察して勉強してまいりました。環境ホルモンの研究者としては、まだまだ駆け出しかもしれませんが、本書では、ヒトの生殖機能を中心に、科学的なデータに基づいて、環境ホルモンの作用を冷静に検証していきたいと思います。

詳細は各章で述べていくことにしますが、いくつかの問題点や研究上の壁と、それに対する取り組み方を述べておきます。

＊　＊　＊

まず第二章で取り上げる精子の問題です。ヒトの精子濃度は過去五〇年間で半減して、何十年後かにはゼロになり、人類は滅びるかもしれない、と訴える論文がかつてありました。

これに対するクレームは後で触れるとして、不妊症の患者さんをみていて、精子が少ないための男性不妊が増えている印象をもっていた私は、その論文にドキッとしました。そこで早速、過去何十年かの不妊外来のカルテを調べてみました。

精子の濃度は基本検査として昔から実施しており、人類の精子が減少しているなら、私が勤務する東大病院の患者さんの精子数にもそれが反映しているだろうと思ったからです。ところが、われわれのデータでは精子減少は確認できず、精子減少を主張する論文を支持するようなデータは得られませんでした。

したがって、精子が減少しているにしても、小規模の検討では明らかにならない程度のものだろうと少し安堵したものです。その後の世界規模の研究でも、近い将来精子がゼロに減ることはないと言っていいでしょう。しかし、精子の減少は氷山の一角で、男性機能は環境ホルモン汚染で危機にさらされている、という仮説も無視できないものがありますので、第二章で考えていきます。

環境ホルモンの人体への汚染は重要な問題です。しかし、現代の人間はみな少なからず環境ホルモンに汚染されているので、比較の対象になる人（まったく汚染されていない人）を探すことができないという壁が研究を進める制約になります。

私はだからこそ、様々な人たちの汚染の実態を明らかにすべきだと思いました。健康への影響という意味で、健康な人とそうでない人、たとえば子宮内膜症や乏(ぼう)精子症など環境ホルモンに影響を受けていると言われている疾患にかかっている人では、汚染の程度が違っているのかどうか、比較検討することが大事です。

また精子減少の問題だけでなく、次世代のことを考えれば、胎児の汚染も問題です。さらに生殖医療では、胎児になる前の精子や卵子を扱う機会が多いので、その精子・卵子は汚染されていないのか、という疑問にも取り組みました。

血液レベルで調べると、ダイオキシンやビスフェノールA（詳しくは第五章でご説明しますが、ポリカーボネート樹脂などの原料として大量に使われている化学物質です）等は、老若男女どの人の検体からも検出されました。つまり、現代人はみな環境ホルモンに汚染されているということです。

この研究の過程で意外なことも分かりました。ビスフェノールAはエストロゲン作用があるので、エストロゲン依存性疾患（エストロゲンによって引き起こされる病気）の方では、ビスフェノールAが高いのではないだろうかと調べてみると、逆に低かったのです。

想定の範囲外のことが起こるのが研究や実験の醍醐味ですが、予想とまったく逆の結果をどう解釈したらいいか、第三章では皆さんも一緒に考えてください。

精子、卵子はそれぞれ精液と卵胞液の中に存在します。ついでに説明しますと、胎児は母親の子宮の中で、自分のつくった羊水につつまれ、母体から胎盤を通じて栄養を受け取り発育します。

ダイオキシンやビスフェノールAは、羊水はもちろん、精液や卵胞液の中にも検出されました。これらの研究成果は、胎児のみならず、精子や卵子も汚染の対象であり、受精に始まる生命誕生へのプロセスの前から、環境ホルモンが影響を与えうることを示します。

ただし、私はこの汚染が受精に障害を与えたり、不妊や流産の原因になると考えているのではありません。本文で詳しくお話ししますが、精子、卵子、胎児の汚染は事実として認めた上で、その影響を検討し、安全基準を考える場合等にも考慮すべきである、と強く訴えたいと思います。

一般に、ある一定の環境ホルモン汚染がヒトにおいて証明されても、なかなか特定の疾患との因果関係を証明することは困難です。

流産予防薬としてかつて妊婦さんに投与されたＤＥＳという薬は胎児に作用して、次世代で性の分化異常やガンを起こした。北米の五大湖の魚を食べてＰＣＢを多く摂取した妊婦さんから生まれた子どもは、胎児期被曝(ひばく)により、生まれてからの精神神経発達に悪影響が出た。これらは環境ホルモンと疾患の関連を示す明らかな事実ですが、臨界事故的に捉えられ、通常では考えられない多量の被曝による事故にすぎず、人類共通の脅威とは考えにくいとする向きもあります。

環境ホルモンと疾患を関係づける困難は、それだけではありません。アカゲザルを用いた実験から一躍注目されているダイオキシンと子宮内膜症の関係も未解決で、第三章で触れる、イタリアのセベソの被災地からのレポートも科学的な根拠として期待されましたが、白黒つけるものではありませんでした。

母乳にダイオキシンが多く含まれていることから、乳児期のダイオキシン被曝が後の子宮内膜症発生に関係しないか、という発想で行ったわれわれの調査では、なんと、正反対のデータが出ました。

母乳保育でダイオキシンの摂取量が多いはずのグループで、子宮内膜症の発生は少なかったのです。このように想定の範囲を越えるというか、予想もしないというか、まったく逆の結果が出てくる環境ホルモンと生殖の関係は奥が深いとも言えます。

次の段階の課題は、環境ホルモンがどのくらいの濃度で、どのような作用を及ぼすか、この問題をどう検証するかということになります。環境ホルモンの作用は通常の毒性、つまり生きる死ぬという指標では測れないということが専門家の共通認識です。そこで生殖試験が有効になります。動物に投与して子孫をつくれるかどうかを調べて、ある物質の安全性を調べるというものので、一般的には受け入れられています。

しかし、いま環境ホルモンで問題にされている低用量作用——一般に化学物質は濃度が高い、つまり高用量では毒性を示すことが多いのですが、環境ホルモンは環境中に存在するくらいの低濃度で、毒性以外の別の働き（低用量作用）をすると考えられています——では、高用量とは逆の働きもありうるとされ、生殖試験等だけでは必ずしも十分でないと思います。

生殖医療に携わる私が考え出した試験方法は単純ですが、いままでの動物に投与したり、試験管内の細胞に作用させる方法と少し意味が違います。低用量作用の検出を含めて役に立つという自負もありますので、そのさわりの部分を紹介します。

試験管内での実験はin vitroと言われ、生体内の事象とは区別して考えるのが科学の常識です。試験管内の環境ホルモンの濃度がどの程度でどのような作用があっても、生体内とは別の話と捉えられます。

私が目をつけたのは、日々臨床でも行われる体外受精治療がヒントで、受精卵、つまり初期胚の利用です。体外受精では、卵子と精子を試験管の中で出会わせて受精させ、ある程度発育したところで、子宮内に戻します。うまく着床し、子宮の中で育てば子どもになります。

初期胚を育てるには培養液といって栄養分を含んだ液体が大事です。胚の発育を支えるよい培養液を作って使うのが、体外受精治療を成功させるノウハウでもあります。不純物が入っていたり、液のpHが合っていない等、培養液が悪ければ胚は育ちません。

そこで培養液に微量の環境ホルモンを加えて、胚発育への影響をみようとしました。もちろん、この実験段階ではヒトの胚を使うわけにはいきませんから、マウスの胚を用いました。

その詳細は第四章でお話ししますが、ビスフェノールA等の環境ホルモン中には、低用量では胚の発育を促進し、発育に有利に働くものがありました。さらに培養液に環境ホルモンを加えて処置した胚を仮親（胚のもとになった卵子を採取したメスとは別のメスのマウス）の子宮に戻したところ、無処置で育てた胚と同様に着床し、生まれ、無事に育ったのです。

環境ホルモンの作用を受けながら、体内に戻せば子どもにまで育つのですから、この実験は試験管の中で体内環境を代用、あるいは再現しているものと言えます。単なる試験管内in vitroの実験以上の意義があることは認めていただきたいと思います。

環境ホルモンと生殖あるいは生殖医学は、様々な形で関係します。環境ホルモンは生殖機能に影響する物質として登場したのですから、当然と言えば当然です。

以上、駆け足ですが、産婦人科医としての私が取り組んできた環境ホルモン研究の一端をご紹介しました。いずれも詳細は本文で立ち返りたいと思います。ここでは、環境ホルモンの研究は始まったばかりで、生命や生殖と環境ホルモンの関係の科学的な解明にはまだまだ届かないこと、しかし、研究の過程で思わぬ謎の解明に出会う余地があることをお伝えしたかったのです。

* * *

私が本書で提唱しようとしている「環境生殖学」はいままでお話ししてきたことから、ある程度ご理解いただけているかもしれませんが、環境ホルモンの脅威を説くものではありません。環境ホルモンという、いままで存在しなかった物質とヒトの生殖機能の関係を学んでいこう、というのが主旨です。それを利用して、生命とは何か、エストロゲン依存性疾患などのホルモンに関連した病気はどうして起こるのか、という大きな問題を究める糸口にしたいと思うのです。

さらにここではまだ言い表すことが難しいのですが、新しい薬の開発、すなわち創薬や環境と生活の調和にまで視野を拡げていきたいと思っています。「薬も過ぎれば毒になる」という意識は広く定着してきていますが、環境生殖学では、「毒も使いようで薬になる」という発想の転換をはかりたいのです。この点は慎重に説明しないと誤解を受けますから、本文第六章をご参照いただければと思います。

リスクとメディアと環境生殖学

環境ホルモン問題においては、リスクコミュニケーションが十分でなかったと言われます。「化学物質」といえば「危険かもしれない」、「ホルモン剤」といえば「副作用があるかも」と考えてしまいがちな一般市民にとって、ホルモンのように働く化学物質と紹介された環境ホルモンは、未知なだけに不安の対象でした。

ものごとは、いったん「危ないもの」と刷り込まれてしまうと（リスク認知）、その後に安全に関する情報が出ても受け入れにくい傾向が生じ、漠然とした不安は、かえってその情報が増すにつれ増大し、リスクに対する不安は高まると言われます。

環境省の二〇〇四年版『環境白書』によれば、化学物質におけるリスクコミュニケーションとは、「化学物質に関する正確な情報を市民・産業・行政等のすべての者が共有しつつ相互に意志疎通を図る」ものとされています。

一九九〇年代後半に展開された環境ホルモンのリスクコミュニケーションは、市民に向けて情報を発信する研究者や行政に、そしてとくにメディアに問題があったという批判を聞きます。「危険だ」「問題がある」はニュースになるが、「危険でない」「問題はない」はニュースにならない、煽り、話を大きくした方がニュースバリューが大きいと言うのです。コミュニケーションの専門家の言うことですから、耳を傾ける必要はあります。

少し釈然としないのは、少なからぬ人々が指摘する、あるいは攻撃すると言ってもいい、環境ホルモンに関するメディアへの批判です。とりわけＮＨＫの報道への評価です。サイエンスアイやＮＨＫスペシャルという番組で連続して取り上げられたことは、環境ホルモン問題に対する国民の関心を高め、理解を深めたと私は思います。

私自身、放送を見て、必ずしもすべてに納得がいったわけではありませんでした。しかし、始まったばかりの研究であったし、性質から言って完璧を求めるのが難しい環境ホルモン研究から信頼に足る事実を求め、一方的な視点を避ける努力もしているように思いました。

にも関わらず、批判には番組担当ディレクターの個人名を挙げ、内容を個人の「勇み足」と決めつけているものまでありました。

リスクコミュニケーションは一方的なプロパガンダ（宣伝・煽動）でなく、関係者の間で双方向的なコミュニケーションのもとで情報を共有することが重要だと言われます。目的とするところは、相手を説得することではなく、関係者がともに考えて、よりよい解決法を模索することです。

環境ホルモンを報道するメディアに対して、「一罰百戒」的に厳しい対応がなされては困ります。「沈黙のメディア」と化してしまっては、だれの利益にもならないのではないでしょうか。

環境ホルモン問題に限らず、リスクコミュニケーションにメディアの果たす役割は絶大です。苦い経験を思い出しましょう。ＨＩＶ（エイズ）やＣ型肝炎をめぐるリスクコミュニケーションには反省すべき点があったと思うからです。

ＨＩＶやＣ型肝炎の存在に人類が気づきはじめた段階で、その情報がリスク認識として、医療者、行政、製薬で正しく伝わり、対策が立てられていれば、血液製剤による汚染の拡大などはかなり防げたかもしれません。

情報が不確実な段階で、患者さんにお話しするのは、不安を煽るだけで、治療に役立たないという考えもあると思います。しかし、患者さんとしては、血液製剤のリスクと治療における必要性を認識した上で自ら選択していれば、納得できる部分もあったと思われます。残念ながら、実際はそうではなかったのです。

ＨＩＶに劣らず、Ｃ型肝炎に関してはテレビ、新聞に教えられるところが少なくありませんでした。当時、フィブリノーゲン製剤（旧ミドリ十字社）は産科出血に対応するためには重要な薬と認識され、輸血による肝炎感染よりもリスクはむしろ低いと考えられていたと思います。

当事の医療者、行政、製薬の方々からすれば、思いもよらぬ未知の疾患との遭遇で、いまになって対応を責められるのはつらいことかもしれません。

しかしわれわれは誤りを繰り返してはなりません。過去の事例の反省に基づき、現在では、輸血や血液製剤を使用する場合、十分なインフォームドコンセントが求められています。

手術を受けられる患者さんには、それらを使用する予定はなくとも、きちんとお話しし、理解を得ます。万一のことをどこまで説明するか、手術の前の日に不安を煽るような話をすべきかどうか悩むこともあります。試行錯誤しながらも、正しい理解を得るためのリスクコミュニケーションを目指して実践しています。

序章の最後に、「毒か薬か」という話にも関連しますが、リスクコミュニケーションが機能した例として「イレッサ」(アストラゼネカ社)という薬の評価を挙げたいと思います。最近この薬は注目されています。難治の肺ガンの特効薬として登場したものでご存じかと思います。

大勢の患者さんに投与が進むにつれ、毒性が強く現れる場合があり、命に関わる副作用があることが分かりました。私は肺ガン治療の専門ではありませんが、インターネットを通じてその情報は送られてきて、問題の存在を知り、経過を注視していました。

医療者、行政、製薬会社がデータを集め、解析し、その経過を公表する過程には、過去の事例への反省が活かされていたように思います。リスクの高い人には投与せず、効果が期待できる人には今後も使用を認めるという判断が厚生労働省によってなされました。

十分とは言えないというご意見もあるようですが、リスクコミュニケーションが十分に行われれば、イレッサで命を救われる人が増えるわけで、患者さんにとっては朗報と言っていいでしょう。

もう一つの例を挙げましょう。ＤＥＳは、本文でもお話ししますが、子どもに稀な膣ガンの診断をした優れた先人が、病歴からＤＥＳ投与が病因であることを見抜き、使用禁止に至りました。迅速な対応で被害は最小限に食い止められたと言うことができるでしょう。

そのＤＥＳはそれ以来女性に投与されることはありませんが、いまは男性の前立腺ガン治療薬（商品名「ホンバン」杏林製薬）として見直されています。

そのとき得られたデータやその後のフォローアップ、関連した研究は、いま考えると環境生殖学の礎を築いていたようにも思われます。

いよいよ、環境生殖学の本論に入っていきますが、ダイオキシンが毒として働くことをわれわれに再認識させた、ウクライナの大統領候補ユーシェンコ問題からお話ししようと思います。環境生殖学の本道からそれるかと危惧もいたしましたが、時事問題と学問の関連も話題の一つとお許し下さい。

第一章

ダイオキシンによる大統領暗殺計画？

疑惑のディナー

堤　二〇〇四年の秋、ウクライナの大統領選挙は親米派のユーシェンコ氏と親ロシア派のヤヌコビッチ首相の間で争われていました。親ロシア派が体制派であり、ロシアのプーチン大統領も露骨な内政干渉とも言える選挙応援を展開していました。

ここでもちあがったのがユーシェンコ氏毒殺未遂事件であり、使用されたのがダイオキシンであると報道され、世界の注目を集めました。

特異的な顔貌の変化が物語るように［写真1―1］、ダイオキシンはユーシェンコ氏の体に大きな負担を強いました。彼は二度にわたる選挙、さらに再選挙まで戦い抜き、十二月二十六日に大統領として選出されました。

写真を見て、もしやと疑っていたのですが、ユーシェンコ氏の血液に含まれているダイオキシンの濃度が通常の六千倍、という報道には驚きました。

同時に、何とかわれわれの研究成果を彼の治療に役立てられないかと思いました。

生徒　事件が先生の研究とどう結びつくのですか。

堤　その話の前にまず、この事件を検証しましょう。プライベートなことも含まれますが、広く世界に報道されていることですから、差し支えないと思います。

選挙戦のさなかの九月五日、ユーシェンコ氏は国家保安局のサチュク副長官の別荘で、副長官とその同僚といっしょに三人でディナーをともにした。二人が先に到着していてユーシェンコ氏が加わった。

食べた物はザリガニ・寿司・豚の背油の三つであったと言います。ユーシェンコ氏の訴えによると、食事の三時間後、頭痛を感じ、翌日激しい腹痛に襲われた。ユーシェンコ氏夫人は大統領候補と翌朝目覚めてキスをしたとき、いつもと違う香りがしたと語っています。

当初は食中毒かと思われていたが、病状は悪化、九月十日から十八日までウィーンの病院に入院せざるをえなくなります。当時の主治医の会見では、消化管のみならず、肝臓や膵臓が障害されていることが報告されました。

写真1-1　ユーシェンコ顔貌変化

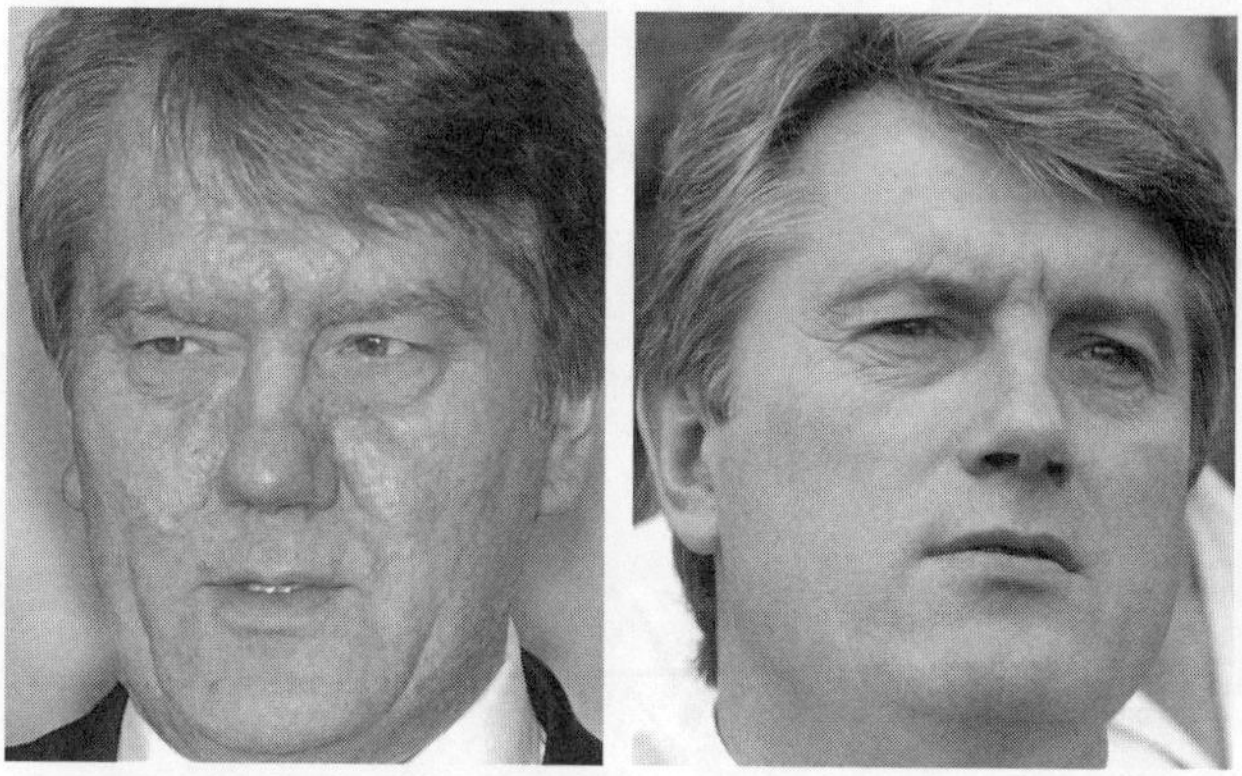

写真提供：ロイター・サン photo by Gleb Garanich and Vasily Fedosenko

ウクライナの大統領候補（当時、現大統領）ユーシェンコ氏。右が毒殺未遂事件前（2004年7月4日撮影）、左が事件後（2004年11月1日撮影）。クロールアクネと呼ばれる化学物質中毒特有の皮膚異常が見られる。

顔面神経の麻痺で、言葉もままならないまま、背中の痛みを細いチューブからの薬液で抑え、彼は選挙戦にもどっていきました。腫れ上がっていた皮膚はやがて別人かと思われるように顔貌を変化させ、クロールアクネと呼ばれる、化学物質中毒による特有の状態になったのです。

生徒　ユーシェンコ氏は十月三十一日の一回目の選挙、そして十一月二十一日の決選投票を、大変な体調の中で戦ったのですね。この投票でユーシェンコ氏は敗れながら、選挙管理の不正に対する民衆の怒りが、十二月二十六日に選挙をやり直すという異例の事態を招いたのは憶えています。先生はどう見ていましたか。

堤　顔写真を見て、これはダイオキシンかそれに類する毒物を盛られたのではないか、と心配していました。

それが、十二月十日に再入院となり、ウィーンの医師団を代表するジムファー氏から、ユーシェンコ氏はダイオキシン中毒であると発表され、さらにダイオキシンの測定を担当したオランダ、アムステルダムのブラウワー教授が、血液中の濃度が一〇万ピコグラム（脂肪一グラムあたり）〈巻頭の単位の説明を参照してください〉で、通常の六千倍に達することを明らかにしました。

さらに、ダイオキシンにはいろいろな種類がありますが、2・3・7・8四塩化ダイオキシン（TCDD）のみが検出されていました。一種類のみのダイオキシンが大量に検出されることは、通常では起こらないことで、意図的、つまりは毒殺がはかられたものとしか考えられない、とブラウワー教授もコメントしました。

生徒　ちょっと待ってください。ユーシェンコ大統領候補毒殺計画にダイオキシンが使われたということですが、そんなに簡単に手に入るものなのですか。

堤　ダイオキシンの中でもTCDDはもっとも毒性の高いもので、今回使用されたものは純度も高かったようですね。

私も国立環境研究所との共同研究でTCDDを取り扱ったことはありますが、事前に研究所に入所申請をした上で伺いましたし、TCDDの置いてある部屋まで二度のセキュリティーチェックを受けました。保管してある貯蔵庫は金庫のように厳重に管理されていて、鍵のありかを知る人は限られていました。

そのように取り扱うものですから、一般の人には容易に手に入るものではありません。国によってはここまで厳重な管理がなされていないかもしれませんので、毒物や生物兵器を操る特殊機関の介在説にうなずけるところもあります。

ここから推理になりますが、まずどのくらいの量を盛られたかです。想像できますか。

生徒　私たち素人には見当がつきません。早く教えて下さい。

堤　はい。まずユーシェンコ氏の体内にあるダイオキシン量を計算してみましょう。報道により、脂肪一グラムあたり一〇万ピコグラムということが分かりました。彼の体の脂肪の量が分かれば、全体のダイオキシン量も分かるわけです。

体重を八〇キログラム、体脂肪率を一二・五％とすると、脂肪量は一〇キログラム（すなわち一万グラム）になります。一〇万ピコグラム×一万グラムを計算して得られるダイオキシン量は一ミリグラムです。

口にしたものがすべて吸収されて体内に入る、というわけではありません。体内に一ミリグラム残っているということは、体の中にダイオキシンの八〇％が吸収された（つまり二〇％は体外に排出された）とすると、一・二五ミリグラム盛られた計算になるし、五〇%が吸収されたとしたら二ミリグラムが盛られたことになります。

生徒　どのようにして盛られたのでしょう。

堤　先ほどのディナーの食卓を思い出して下さい。純粋なダイオキシンは白い結晶で味もなく、油に溶けやすいので一ミリグラムや二ミリグラムなら、豚の背油にすりこんで混ぜるか、寿司のワサビに練りこまれたのではないかと考えられます。

さらに想像をたくましくすると、ユーシェンコ氏の前におかれた寿司の中にはダイオキシン入りのものが並べられていた。それを一つ口にしてしまったのではないか。

だとすると、もう一つ食べていれば完全に致死量であったかもしれないとも考えられます。これは氏に対する、選挙妨害の嫌がらせなどではなく、完全に殺人を意図したものでしょう。

生徒　ダイオキシンは猛毒だ、たしかサリンに比べ毒としての強さは二倍くらいだと聞きました。致死量はどのくらいなのですか。

堤　モルモットによる動物実験では一マイクログラム／kgなので、ユーシエンコ氏の場合の一ミリグラムに相当する量は致死量です。ヒトでは（当然ながらデータがないので）正確には分かっていません。ユーシェンコ氏は生き延びたのだから、動物よりヒトはダイオキシンに耐えられる、と考えることもできます。

ただし、ダイオキシンは急性の毒性だけでなく、発ガン性や催奇形性も問題になります。とくに動物実験では、比較的微量で肝臓ガンの発生が知られています。

ユーシェンコ氏の場合、皮膚症状が残っていますが、おそらく肝機能等にも異常があり、安心できる状態ではないでしょう。次にわれわれの研究成果とあわせて、いま何をなすべきか考えていきましょう。

データに基づく分析・救命のための提案

堤　ダイオキシンの性質で問題になることは、毒性が強い、さらに催奇形

性や発ガン性があるだけではありません。大変残留性が高いことが挙げられます。

毒を盛られたにしても、薬を投与されたにしても、体の中に入った毒物なり薬物なりの量が半分に減るのに要する時間を「半減期」と言いますが、ダイオキシンの場合約一〇年とされています。

また後の章でお話ししますが、微量でもいわゆる環境ホルモンとして作用するという問題があります。ダイオキシンの研究を始めてみると、体の中に取り込まれたダイオキシンはどんな動きをしているのかがまだ不明であることが分かりました。

そこで目をつけて進めていた研究の一つが、「胆汁の中にダイオキシンが存在しないか」という問題です。

もう一つは「悪者ダイオキシンを体外に排出して体をクリーンにできないか」という研究です。

ユーシェンコ氏のダイオキシンの測定結果が報道された、まさにそのときに、われわれが環境ホルモン学会で発表していたダイオキシン量測定のデータからお話ししましょう。

その前に一つ質問をします。肝臓という臓器を知っていますね。生きていくのに大変重要ですが、その主な役割は何でしょう。

生徒　肝臓は栄養の消化吸収をすると習いました。消化液を出したり、腸から吸収した栄養を集めて、貯蔵したり、加工したり、全身に配分したりするのでしょう。

堤　そうですね。その他に大事なことをしていますよ。あなたもお酒を飲むでしょう。お酒も吸収されると肝臓にいきます。最終的には肝臓で代謝（＝分解）されます。飲み過ぎると肝臓に負担がかかります。お酒に限らず毒物を代謝するのも肝臓の役目です。

無毒化されたものは胆汁となって、腸の中に排泄されます。残念ながらダイオキシンは肝臓で代謝することはできませんが、胆汁の中に出てくるのではないかという発想で、われわれは調べたのです。

その結果を図示してみました［図1―1］。胆汁の中には一日量にしてダイオキシンが〇・四ナノグラムくらいは出てくるのです。一般に解毒された毒物は、そのまま便と一緒に体外に出ていきます。

ところがダイオキシンの場合は、そのほとんどが再び腸で吸収されて、肝

図1-1　ダイオキシンの腸肝循環

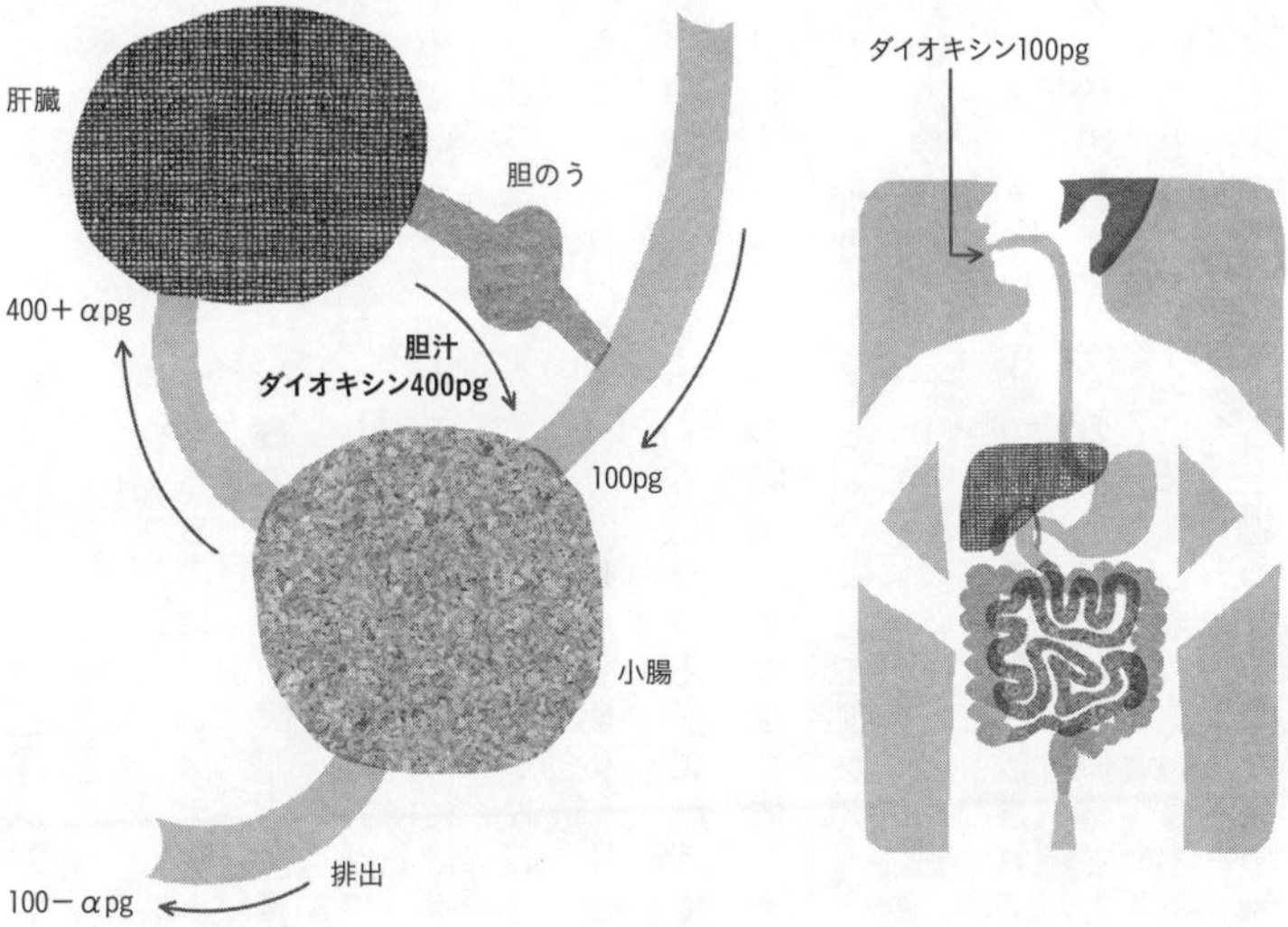

ダイオキシンは毎日主として食事から100ピコグラム（体重1キロ当たり２ピコグラム）程摂取される。体内に入ったダイオキシンは小腸から吸収され、肝臓を経由して全身に行き渡り、体の各部位に蓄積される。肝臓には解毒作用があり、毒物を代謝し無毒化する機能があるが、ダイオキシンは代謝されない。最近の研究により、ダイオキシンが胆汁中に排泄されることが明らかになった。一日に肝臓から排出される推定量は約400ピコグラム。その大部分は食事から摂取したものとともに小腸から再び肝臓へ吸収され（400＋αピコグラム）体内に留まる。このような循環の仕組みを「腸肝循環」という。ダイオキシンは腸肝循環を繰り返し、便にはほとんど排出されない。

臓に逆戻りします。これを「腸肝循環」と言います。重要な仕組みなので頭に入れておいてください。

同じように腸肝循環しているものにコレステロールがあります。コレステロールが腸肝循環をしているのは栄養や代謝の世界では有名なことですから、ダイオキシンも腸肝循環をしていると言った方がフェアですね。

この理屈に従うと、ユーシェンコ氏の胆汁にはダイオキシンが一日量二・四マイクログラムくらい含まれていて、また吸収されて肝臓にいっていることになります。これはただ事ではありません。肝臓に負担になるだけでなく、動物実験で肝臓ガンが発生する量をはるかに超えているのです。

生徒　ではユーシェンコ氏の肝臓はボロボロになって、最後は肝臓ガンになって死に至る可能性もあるということですか。

堤　動物実験では体重一キログラムあたり一日一〇ナノグラムという量を二年間投与したら、肝臓ガンができると報告されています。われわれの計算ではその三倍の量がぐるぐる腸肝循環していることになります。

人間は動物と違ってガンにはならないという主張は、楽観的にすぎます。ヒトでもダイオキシンによると思われる発ガンの報告もあり、警戒する必要がある。そうであれば、何とか胆汁の中に出てきたダイオキシンをそのまま体外に排除できないか、というのが自然な発想です。

生徒　それはそうですね。先生は医者なのですから何とかできないのですか。

堤　一般的に薬物や毒物を誤って、あるいは自殺の目的で飲んだ場合の対処としては、「薬用炭」の投与があります。薬用炭が毒物を吸着して体内に吸収されるのを抑えるのです。急性期の治療としては用いられますが、便秘などの副作用が強くて長く使えるものではありません。

いったん体内に取り込まれたダイオキシン類は取り出しようがない、というのが定説でした。唯一の例外として、母乳保育があげられます。大量の母乳を赤ちゃんにあげることによって、母体の体内ダイオキシン量はたしかに減ります。

生徒　ユーシェンコ氏の場合そんなことは言っていられないので、母乳以外にダイオキシンを取り出して体外に排出する方法はないのですか?

ダイオキシンを体外に排出し除去する方法

堤　そうですね。いままでこれといった方法は確立されていなかったのです。でも環境ホルモンを研究すればするほど、何とかしなければという思いがつのりました。そこで思いついたのが薬用炭の応用です。

薬用炭は先にお話ししましたように、薬物・毒物の急性中毒の治療には使われますが、少量でも強い便秘や消化器症状（たとえば膨満感（ぼうまんかん））があり、毎日飲み続けるのはとても無理です。

そこで考えたのは、薬用炭の成分である活性炭とオリゴマンナン（こんにゃくの成分）あるいはアルギン酸カルシウム（海藻の細胞壁成分）を成分とする高吸着性多孔体（たこうたい）、これを応用することです。

体に無害なものでくるんで、薬用炭としての効果はそのまま活かそうというものです。マンナンやアルギン酸がクッションになり、薬用炭は直接胃や腸の粘膜に触れずにすみます。それによって、飲みやすくなり、便秘や膨満感等の消化器症状もなくなりました。

これは「ヘルスカーボン®」という名前で東京バイテク研究所の青柳重郎博士が発明し、エコライフ社が臨床応用を図ろうとしているものです。

私自身も飲んでみましたし、数名のボランティアの方々に一ヶ月の単位で服用してもらい、ダイオキシンの一〇〜一五％を体外に排出できそうだということが分かりました。

生徒 二つの組み合わせはアイデアですね。でもヘルスカーボンに副作用はないのですか？

堤 ボランティアの方の健康チェックは十分にしました。便秘をもっとも心配しましたが、とくに訴える人はなく、むしろ便通がよくなったという人がいたくらいです。

血液検査もしましたし、肝機能や腎機能もみました。もちろん異常はみられませんでした。しかし、そこでふと気付いたのですが、どうもコレステロールの値が下がるようなのです。高めの人が正常にもどる、低くなりすぎるということはない。

生徒 面白いですね。副作用ではなくて、副効用とでも言うのですか。

堤 そうなのです。そこで科学する心が働きます。どうしてそんなことが起こるのだろう。

生徒　どうしてなのですか。

堤　ダイオキシン等の環境ホルモンは脂溶性、つまり油に溶けやすい性質があるので、胆汁の中でもコレステロールと行動をともにするのではないか、と仮定しました。ヘルスカーボンがダイオキシンを吸収するときに、同時にコレステロールも吸着するのではないか、というアイデアです。次の瞬間何が浮かんだと思いますか。

生徒　うれしそうですね。先生の言うセレンディピティーですか。

堤　こんなところでセレンディピティーなんて言ったら、先人が顔をしかめます。でも、ダイオキシンがコレステロールと行動をともにするなら、コレステロールを下げる薬もダイオキシン量を下げるのではないか、という考えです。

思いついたらすぐ実行で、自分をボランティアの一号にしてコレステロールの吸収を抑制する薬コレスチミド（商品名「コレバイン」三菱ウェルファーマ社）を飲み始めました。

数名の小規模な臨床実験ですが、コレステロールは当然下がりましたが、同時にダイオキシンも下がることが分かりました。

コレスチミドがダイオキシンを下げるのではないかというデータは、つい最近千葉大学の森千里教授のグループも発表されました。同じ発想をする人はいるものです。ちなみに森教授は私の尊敬する森鷗外の曾孫にあたる方で、環境ホルモン研究にとりくまれ、共同研究もさせてもらっています。

話を戻しますと、ヘルスカーボンがダイオキシンと一緒にコレステロールを吸着するなら、コレステロールの高い人の治療に役立てられるかもしれません。

そういう方向でも研究を展開しています。高コレステロール血症が原因で、高血圧・心臓病・脳卒中等で苦しむ人は世界中にいます。これが実現すれば、セレンディピティーの種くらいにはなるかもしれません。

生徒　ところで、先生の研究をどうやってウクライナのユーシェンコ氏のダイオキシン問題に生かそうというのですか。一番の急務でしょう。

堤　そうです。とにかく研究というものは論文としてまとめないことには話が進みません。

胆汁中にダイオキシンが相当量含まれていること、その数値からユーシェンコ氏の場合発ガン性を心配すべき濃度であろうこと、そして、われわれの方法を用いれば体外排出除去が可能であること、そう提案する論文を急遽作成しました。

ヘルスカーボンとコレバインは少数例の検討ですから、もう少しつめておきたいところですが、大統領の健康を考えたら、そうも言えません。ダイオキシンを研究してきたものの使命とも思いました。

生徒　いまはどのような状況ですか。ユーシェンコ氏に連絡は取れたのですか。

堤　現在の状況は、論文は国際誌に投稿して、審査を受けています。国際的に論文として評価され、認められることによって信頼度を高めることが大事です。並行して先方の研究者、主治医とも連絡を取りはじめています。

環境ホルモンの世界的リーダーであるコルボーン氏（『奪われし未来』の著者）に相談したところ、ダイオキシンの測定をしているオランダのブラウワー教授に連絡を取りなさいと指示してくれました。ブラウワー教授や、ウィーンの主治医ジムファァー教授にもメールなどを通じて私たちのデータやアイデアは伝えてあります。

生徒　ご苦労が報いられるといいですね。

堤　はい、この研究は共同研究者の方々の協力あってのことです。とくに胆汁の研究は東大肝・胆・膵外科、移植外科の幕内雅敏教授、今村宏講師によるところが大でした。

生体肝移植で世界をリードされており、多くの手術患者さんから胆汁等の試料提供をいただきました。移植の場合は健康なドナーの方から協力が得られたことにとくに意義がありました。

なお、この研究を含め、本書で紹介するわれわれの研究は、東大医学部研究倫理委員会にあらかじめ審査を受け、その承認のもとに実施しています。

微量のダイオキシン量の測定は国立環境研究所の遠山千春、米元純三、宮原裕一先生のご尽力があったればこそです。筑波大学代謝・内分泌制御医学山田信博教授は私の大学の同級生ですが、コレステロールの専門家でもありいろいろ教えてもらいました。

うれしかったのは、論文にまとめる際に、皆さんがユーシェンコ氏のために頑張ろうと知恵を出し合ってくれ、現時点のベストが尽くせたことです。

もちろん、一区切りつけることができるかもしれませんが、研究はここで終わったのではなく、さらに次々と展開するスタートなのだと思います。

生徒 そうでした。環境ホルモンのお話を伺うつもりが、冒頭でユーシェンコ氏のダイオキシン問題になりましたが、先生の講義も始まったばかりですね。

堤 ダイオキシンは体内残留性が高くて半減期が一〇年とお話ししました。ここで質問です。普通の人は一〇年間つまり一〇歳年をとると、体内のダイオキシン量はどう変化するでしょう。次の選択肢から選んでみてください。

1 減る
2 わずかに減る
3 変わらない
4 わずかに増える
5 増える

生徒 一〇年たてば、半分に減るのではないのですね。食べものなどから、一〇年間ダイオキシンを体内にとりこんでいるのでしょうから、3番の「変わらない」ですか。

堤 普通の人というところがみそです。日本人でいえば、毎日二ピコグラ

ムほどは摂取しています。図を見てもらうと分かりやすいと思いますが、出る量より入る量が多いので、少しずつ増えていきます［図1―1］。年をとればとるほど体内のダイオキシン量は相当増えるというのが正解です。

これは専門用語では、蓄積性があると表現されます。血液を調べると、二〇代より三〇代、三〇代より四〇代の方が高い。母乳でも同じことが言えます。

ちょっと気になることですが、われわれの臍帯血（臍の緒から採取する血液）の研究から、胎児への汚染も母親の年齢が高くなるとより高くなることも分かりました。

ユーシェンコ氏のダイオキシン問題を説明する際にも、環境ホルモンという言葉を出しました。環境ホルモン、あるいは環境ホルモン問題は、一時期おおいにクローズアップされましたが、いまはその研究に逆風が吹いているとも言われます。

「環境ホルモン問題はなかった」「空騒ぎであった」と言う人もいます。ユーシェンコ氏はダイオキシンで死ななかったからそれほど猛毒ではないのでは、という趣旨の発言も聞かれます。

第一章を読まれた方は、そう簡単に切り捨てていい問題ではない、と思い始めておられませんか。そうであれば著者としては幸いです。

次の章では、環境ホルモンと精子や男性機能にまつわる疑問に答えていきたいと思います。そして、熱心に協力してくれる「生徒さん」とともに、章を重ねるうちに、環境ホルモンが分かるだけでなく、われわれの生殖や体の仕組みに対する理解が深まる本にしていきたいと思います。

第二章　精子への影響

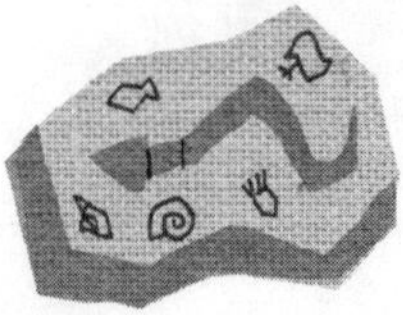

二〇五〇年ヒトの精子がなくなる?

堤　一九九二年に発表された、デンマークのスカケベック(Skakkebaek)教授らの報告は衝撃的でした。その前から、専門家のあいだでは精子の数の減少や精巣腫瘍(ガン)の増加など、男性機能の問題が指摘されていました。私も不妊治療に携わり、精子の数が少なくてなかなか妊娠しないご夫婦を多くみるにつけ、不安はもっていました。そこへスカケベックらは具体的なデータを示したのです。

過去五〇年間の男性の精液所見を検討して、驚くべきことに精子濃度、精液量ともに明らかな減少を示していると報告したのです。この報告では、精子が減少しつつあり、将来はゼロに近づくかもしれない、また、その結果、人類が地球上で生物として存続できるかどうかの重大な岐路に立たされている、と警告していました。

スカケベックらによれば、その原因は環境ホルモンにあるかもしれないと言うのです。多少減っているのではという危惧はもっていましたが、半減という科学的なデータをつきつけられて、ショックを受けました。まさかそれほどとは思っていませんでしたし、本当なら大変なことだというのが率直な感想でした。

生徒　環境ホルモンの影響で人類の精子がなくなったら、人類は滅びるということになりますね。

堤　データが正しければそうなります。もう少し詳しく見ていきましょう。図2―1を見てください。図の中に○がありますね。これが精子の数を表しています。

彼らは世界各地の過去の六一論文から一万四千九四七名の男性の精子・精液について調べたのです。

一九四〇年には精子濃度は平均して、一億一三〇〇万／mlあったのに比較して、一九九〇年には六六〇〇万／mlへと減少しています。右肩下がりの線は平均の推移を示しています。精液の量も三・四〇mlから二・七五mlへと減少を示していました。

図2-1　精子数の減少

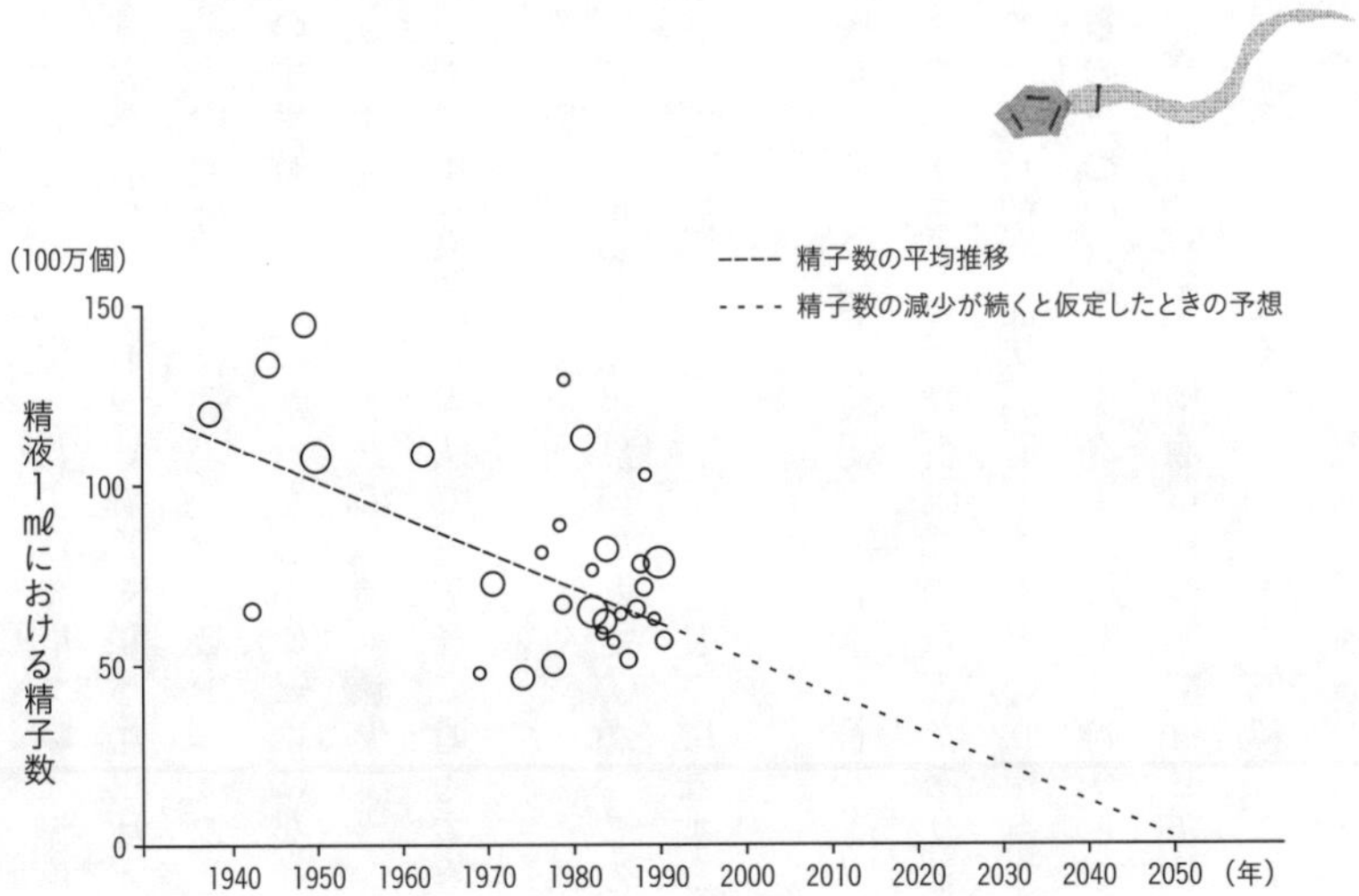

スカケベック教授らによる、1940年から1990年までの精子数の報告と以降の予想図。グラフの中の○は、円の中心が精子数、大きさがサンプルの人数を表している。精液中の精子数は50年で約42%減少しており、このまま減少し続ければ2050年には精子数がゼロになるということを示している（著者の見解は本文を参照してください）。

単純計算すると、この減少は五〇年間で精子濃度は約四二%、精液量は約二〇%の減少を示し、年平均で精子濃度は九四万／mℓ、精液量は〇・〇一三mℓ、射出精子総数は一万二二〇〇ずつ減少したことになります。

生徒　このまま減っていったらたしかにゼロになりますね。

堤　そうです。スカケベックの「精子減少」報告と予言は大きな反響を呼びました。同じような研究手法で、それに追随する報告も数多くなされました。

しかし、科学の世界では当然のことですが、この説に反対する報告もあってしかるべきだと思っていました。そして反論する報告がやはり出てきました。

精液性状（つまり、精子濃度、精子運動率、精液量）の低下の事実を肯定するもの、否定するもの、賛否両論の報告がありました。

ちなみに、同じ精液性状が低下するという報告でも、精子濃度、精子運動率、精液量の三つのパラメーター（尺度）のうち、精子濃度の低下は共通していますが、精子運動率や精液量については必ずしも低下を示していません。

単に反論するだけでなく、もっと根本的に、これらの過去データの疫学的検討に疑問をもつ人もいます。つまり、精子関連報告の統計学的考察に関しては、種々のバイアス（地域差など）に関する考慮が必要だという議論です。

たしかに、精子濃度には地域差があり、理由はよく分かっていませんが、ニューヨークの精子数は高いという定説があります。スカケベックの報告では、ニューヨークのデータが昔の数が多いものは入っているが、最近のデータが入っていませんでした。また、ニューヨークではいまも精子の数は減っていないとか、そもそも精子の数の数え方がいまと昔では異なるではないかとか、そういう異論も出されています。

別の観点から、精子の数はストレスに影響されるのだから、現代のようにストレス過剰では多少減るのは当然だ、とか。さらに、性的刺激は男性ホルモンの分泌を増し、精子の数を増やすが、セックスレスの頻度が高くなれば精子数は減る、とか。反論も様々です。

問題点を言いだすとキリがありません。同じ個人でも何度か測定すると、精子の数も運動率もかなり上下します。精液検査は不妊外来ではルーチン検査として数多く行われますから、私もスカケベックに触発されて、病歴倉庫から昔のカルテを探しだしていまの精子濃度や運動率と比べました。

東大の患者さんの場合は、地域は東京周辺で一定と言えますが、不妊という条件のもとで調べたのですから、精子の数等が多少不良な人が多いというバイアスがかかっています。

結果的には、東大産婦人科の不妊外来で調べた精子の数はこの二〇〜三〇年では増減は認められませんでした。

年齢や健康状態、禁欲状態などが一定した母集団を選定し、測定方法に関しても同一条件で検討を行ったデータは過去にないのです。現在国際的に検討が開始され、日本でも聖マリアンナ医大の岩本晃明教授等が加わって研究が進んでいるところです。

生徒　人類にとって大きな問題にしては、本当に精子の数が減っているかさえ確定していないということですね。減っていないとしたら、環境ホルモンのせいで精子がなくなるというのは、杞憂(きゆう)ということですね。

堤　減っていないとも断言できません。精子減少を支持する報告の方が多いということは事実ですから。もう少し考えていきましょう。

不妊症の治療として行われる、人工授精、あるいは非配偶者間人工授精（ＡＩＤ）をご存知でしょうか。

生徒　人工授精の方は、ご主人の精子の数や運動性が悪いときに、性交によらず、精液を直接子宮内に注入する方法ですよね。

堤　はい、そうです。精子をできるだけよい条件にするため、精子を取る三～四日前から禁欲し、授精を行う当日の朝、精液を採取します。その後病院で運動性のよい精子を集めて濃縮する操作を行います。

生徒　非配偶者間人工授精というのは、ご主人の精子がゼロの場合、第三者つまり非配偶者の精子を使って行う人工授精のことでしたか。第三者の男性から精子提供を受け、妻の子宮に注入するのですね。

堤　そのとおりです。そこでですが、慶應大学病院では、安藤畫一（かくいち）先生、飯塚理八先生、吉村泰典先生と代々の教授が不妊治療を専門にしてこられました。わが国において最も古く、すなわち一九四八年から非配偶者間人工授精も実施されてきました。

精子提供者はボランティアで、年齢の条件や同一の測定方法による健康男性の長年に亙るデータが蓄積されていたのです。二〇～二五歳と年齢も一定な健康男児に限定され、精液の採取も均一な条件を備えたデータとして評価され、わが国の生殖能力の変遷を知る上でも極めて貴重であると言えます。

生徒　そのデータを分析した結果はどうでしたか。

堤　慶應大学で一九七〇年から二〇〇〇年までの非配偶者間人工授精の精子データを解析した末岡浩先生によりますと、二万六千件を一九七〇年から八九年、一九九〇年から二〇〇〇年の二群にわけて分析したそうです。

精子濃度は両群ともに減少傾向を示し、一九七〇～一九八九年に比較し、一九九〇年以降でより強く、統計的にも有意な精子数の減少傾向がありました。

精子運動率については一九七〇～一九八九年群で軽度の減少傾向を示したが、一九九〇年以降では減少傾向を示さなかったということです。

様々なバイアスを検討すべきことを断った上で、ボランティアの年齢が二〇～二五歳であることから、胎内で成長する精巣形成過程で環境ホルモンから受けた影響が大きいと仮定すると、約二〇～二五年前、すなわち、一九七〇～一九九八年の値の低下は、少なくとも一九四〇年代後半から一九七八年頃までのあいだに及ぼされた影響、と考えることができると考察しています。

生徒　精子の数が半減とは言わないまでも、減少傾向があるとして、なぜ胎児期に受けた環境ホルモンの影響だと考えるのですか。

堤　それは一つには動物実験による成績があるからです。具体的に説明しましょう。

動物実験がどのように行われたかと言うと、妊娠したラットにナノグラムという微量のダイオキシンが注射されました。この量では母親には健康影響は出ず、無事に出産します。そして生まれた子どもがある程度大きくなって精子の数をみると、投与量に比例して精子の数が減っていることが分かりました。

マブリーらは妊娠一五日のラットに最小六四ナノグラム／kgのダイオキシンで精子数の減少を報告しました。グレイらはさらに五〇ナノグラム／kgでも子どもの精子の異常を認めました。

これらは、毒性量（LD50）の千分の一レベルで次世代の生殖異常が惹起（じゃっき）されるということと同時に、昨今の人類の精子減少傾向に、ダイオキシン曝露（ばくろ）が関係している可能性を示唆しているのです。

生徒　そういえば、環境ホルモンの影響でワニのペニスが小さくなって生殖が困難になったという放送をテレビで見た覚えがあります。

堤　フロリダのアポプカ湖ですね。ヒゲのジレット教授が出てきて説明していたでしょう。

あの湖には周囲の河川から農薬ＤＤＴが流れ込み濃縮して、ワニのミクロペニスという形で生殖器の異常がみられ、目に見える形の生殖異変が起こりました。環境ホルモンが蓄積して、野生動物の生殖機能に影響を与える臨界に達した例と言えると思います。

ヒトに限らず動物の雄でも、男性機能は男性ホルモン（テストステロン）でコントロールされています。そこに拮抗する女性ホルモン（エストロゲン）が過剰に作用すると、男性機能がうまく調節されなくなるのは事実です。エストロゲン作用を持つ環境ホルモンでも、一定の量を超えれば異常をきたすことも覚悟しなければなりません。

スカケベック教授は現在報告されている様々な男性機能の低下、すなわち、精子の減少、精巣腫瘍（しゅよう）の増加、尿道下裂（かれつ）［→p.91 図2—3参照］という男児の奇形、精巣が陰嚢（いんのう）までたどりつかない停留（ていりゅう）精巣等を、環境ホルモンの悪影響と考えて、ＴＤＳ（Testicular Dysgenesis Syndrome 精巣異形成症候群）仮説を唱えています。

突然そんな仮説を唱えられてもちんぷんかんぷんですね。ここは男性機能の基本からお話しして、理解を深めてもらいましょう。

精子の旅、精巣の旅

XYXX

生徒　精子がなくなったら困るのは分かりますが、何パーセント減ったとか運動能力がどうのというのは、どの程度の意味があるのでしょうか？　そのへんから教えてください。

堤　そうですね。精子の数とか質は問題になりますが、まず、精子はどこから来てどこへ行くかという基本から考えてみましょう。

生徒　どこから来るかというのは、精巣（睾丸）から生まれてくるということですか？

堤　もう少しさかのぼって考えたいと思います。ヒトは胎児として形が見えはじめる頃、性の分化も進みます。ＸＹの染色体をもつ人は男、ＸＸの場合は女になります。

性腺もそれぞれ精巣と卵巣になるのですが、そのとき、精子や卵子の元になる細胞が、どこからか性腺のもとにやってきます。精巣に来たものが精子のもと、卵巣に来たものが卵子のもとになります。

生徒　ヘエー！　不思議ですね！　もともと精子・卵子が精巣や卵巣で作られるのではないのですか？

堤　はい。そうですね。たどり着いた先がアメリカならアメリカ人になり、日本だったら日本人になるようなものですね。その場所に適応する能力が備わっているとも言えます。

動物、とくに魚等では珍しくありませんが、人間でも精子も卵子も元は同じ一つの細胞で、精巣にわらじを脱げば精子に、卵巣であれば卵子になります。半陰陽といって男性か女性か区別がつきにくいような性分化異常の方では、一つの性腺に精子と卵子が共存することもそう稀ではありません。

その後の運命も、精子と卵子では大きく異なります。精子の元、卵子の元はそれぞれ精祖細胞、卵祖細胞となって数を増やすところまでは同じです。

ところが次の代、と言っても胎児期ですが、卵祖細胞は卵母細胞になり、精祖細胞とは性格が異なってくるのです。

卵母細胞は胎児期にいったんできてしまうと、減ることはあっても増えることはありません。胎児期でも出生後も、卵母細胞は砂時計の砂のように段々減って、なくなると閉経(へいけい)を迎えます。

ところが精祖細胞は細胞分裂を続けて、成人男性では毎日約一億の精子が作られます。

生徒 元の細胞は同じでも、男か女か、精子か卵子かで性質や運命が大きく変わるのですね。

堤 はい。そこで精子ですが、精巣で精祖細胞から約七〇日間ほどかかってできあがって、精巣上体・精管を通って最終的にはペニスの先から膣の中へ射精されます。

実はそれからが大変なのです、精子には長い道のりが待っています。テレビで二十四時間一〇〇キロを走りぬくイベントが行われることがありますね。精子の大きさから換算すると、それ以上の距離を数時間程で駆け抜ける計算になります。

元気の良い運動能力のある精子が、われ先に卵子を目指します。「生まれた川をめざして魚が帰るように」というフレーズが松任谷由実さんの歌詞にありますが（『REINCARNATION』）、子宮を通り抜けて卵管を目指す精子は、その表現がぴったりだと思います。

いくら運動していても、膣の中でグルグルまわっていたのでは相手にされません。子宮まで行って待ちかまえていても、ダメです。排卵された卵子が何日かかかって子宮に到達するころには、受精能つまり精子を受け入れる能力がなくなってしまうからです。卵管で精子と卵子が出会わなければならない。

排卵されて卵管に差し掛かった卵子に運良く巡り会えても、精子は卵子にタッチダウンしないといけないのです。

卵子のまわりには、卵丘（らんきゅう）細胞という小さな細胞が十重二十重（とえはたえ）、城壁のように取り巻いていて、精子一匹が到達しても、その壁を崩すことができません。

数百匹が共同してと言うか、先陣争いをして一番の精子が受精します。そのために精子は一定の数と運動性などの質が、大変重要なファクターとなるのです。

生徒　精子の生存競争を考えたとき、一定の数と正常な運動能力が要求されるのはよく分かりました。ただ、現代では体外受精や顕微授精という技術もありますね。

堤　たしかに体外受精や顕微授精という生殖補助医療［図2―2］の場合は、女性の体内を舞台にした生存競争の勝者が選ばれて受精し、自分の遺伝子（ジーン）を残すというプロセスが省略されます。とくに顕微授精では、一匹の精子をこちらが選んで卵子に注入しますから、きわめて人為的です。淘汰の過程を経ていないことや、安全性に対するフォローアップが必要なこともあり、体外受精や顕微授精などの生殖補助医療に頼りすぎてもいけません。

生徒　お話を伺ってきて、現代人の精子数が減少し、精子の質が低下したとしても、急にゼロになるわけではなさそうですね。

環境ホルモン問題を解明する努力は人類にとって必要でしょうが、生殖補助医療という備え、手段があることは、人類にとって救いではないでしょうか。

堤　私の言いたいことをまとめてもらったようですが、男性機能の話をもう少し続けましょう。

図2-2　不妊症の治療法

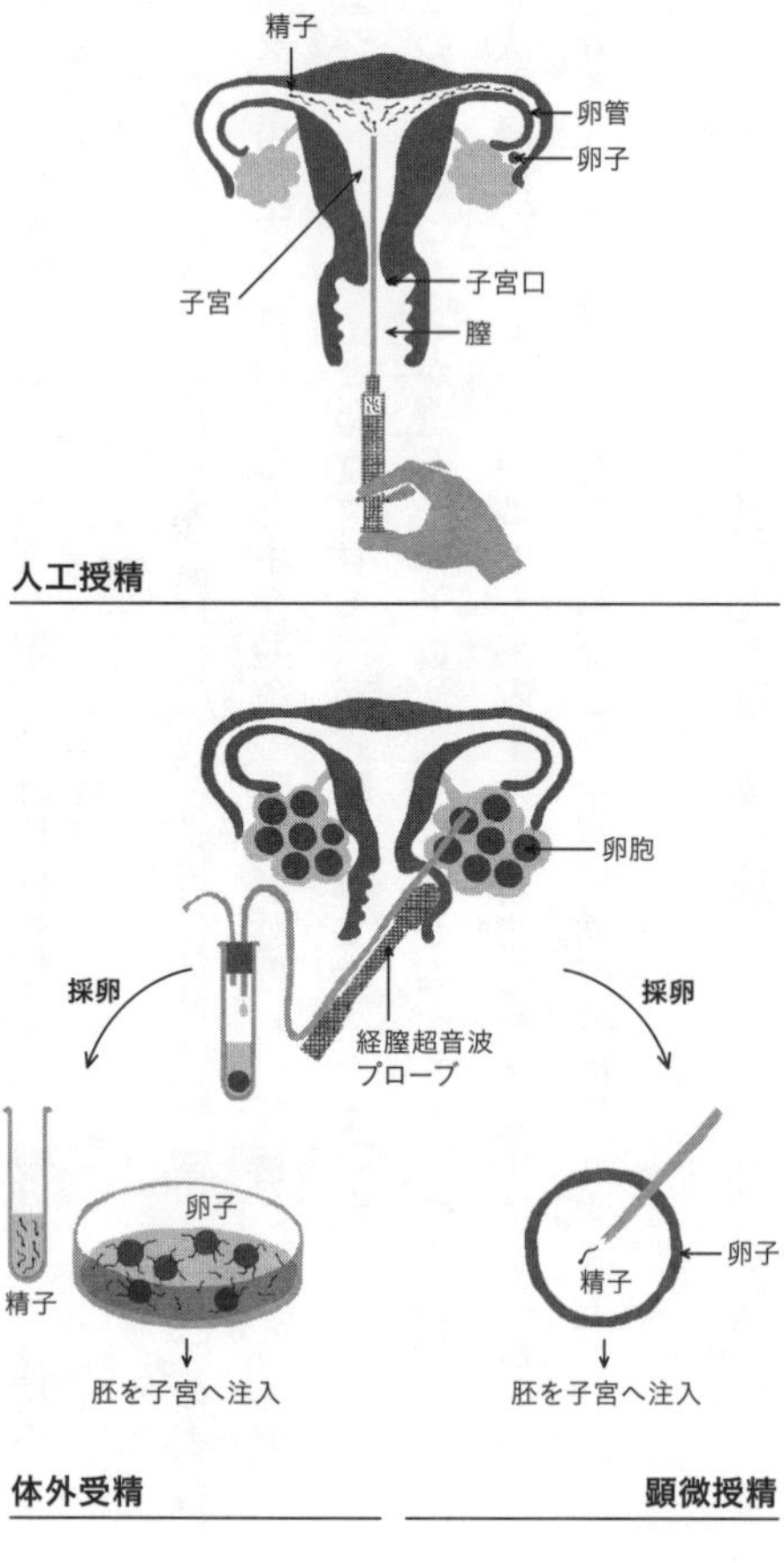

人工授精

性交によらず、精液（精子）を子宮内に注入する方法。膣から子宮口を通して細い管を挿入し、精子を子宮の奥まで送り込む。

体外受精

排卵誘発剤を使って複数の卵胞を育て、経膣超音波プローブで卵巣の様子を見ながら卵子を採取する（採卵）。採卵した卵子をシャーレに移し、精子を加えて受精を待つ。受精卵が成長し、4～8細胞期になった時点で発育のよい胚を3個以内選び、子宮に注入する。

顕微授精

採卵し、顕微鏡を覗きながら細い針を使って精子を卵子に送り込み、卵子と受精させる。図は顕微授精のうち、卵細胞質内に精子1個を直接注入する卵細胞質内精子注入法。精子をより確実に卵子へ送りこむため、精液の量が少ない、精子の数が少ない、精子の運動能力が低いといった男性因子の不妊治療に効果を上げている。

精巣と卵巣はもとは同じ起源だとお話ししました。ここでちょっと不思議だと思いませんか。

卵巣はお腹の中にありますが、精巣はお腹から出て陰嚢（いんのう）の中にぶら下がっているでしょう。実は胎児のときにできた精巣も旅をして陰嚢までやってくるのです。これは精子にとっても死活問題なのです。

精子の元の細胞（精祖細胞）から精子ができる過程は、熱さにとても弱いのです。陰嚢の表面が襞状（ひだ）であるのも、少しでも熱を発散しようという工夫です。エンジンの熱を冷ますラジエーターにも熱の放散のために、襞を大きくしたような構造があるのをご存じでしょう。

陰嚢というオアシスに精巣が辿り着けないと、精子もアウトです。精巣の旅もホルモンに制御されており、環境ホルモンの影響で停留精巣（精巣が胎児期にお腹の中から陰嚢という定位置まで移動しきれずに、停留している状態。精巣をひっぱって陰嚢に固定する手術が行われる。放置すると精子を形成できなくなり、精巣腫瘍発生のリスクもある）が増えているというのが、先のスカケベック教授のTDS仮説の一つです。

さらにもう一つ、環境ホルモンの影響が疑われるものに、尿道下裂（かれつ）があります。これを理解するには、もう一度胎児期の性が分化するところに戻ります。

男の子では精巣ができます。精巣から男性ホルモンが分泌されると、外陰部ではペニスと陰嚢が発達します。女性では男性ホルモンが作用せず、ペニスになるべき部分はクリトリスになり、陰嚢は大陰唇になります。

この過程がうまくいかないと、外陰を見ただけでは男の子か女の子か判別しがたいことがあります。

尿道下裂は、男の子でペニスはあるが尿道はペニスの先まで通じず、外陰に直接開いていて、場合によっては、発達したクリトリスの下に尿道口があるように見られることもあります［図2―3］。

胎児期の性ホルモンによって制御される性の分化が障害を受けて生じうることから、TDS仮説の一つに取り上げられています。

日本においても尿道下裂が近年増加傾向にあることは、日本産婦人科医会の調査でも明らかです［図2―4］。環境ホルモンを母胎に投与したときに、性分化の異常が子どもに見られることから、環境ホルモンとの関係も検討すべきでしょう。

図2-3　男女外性器の違いと尿道下裂

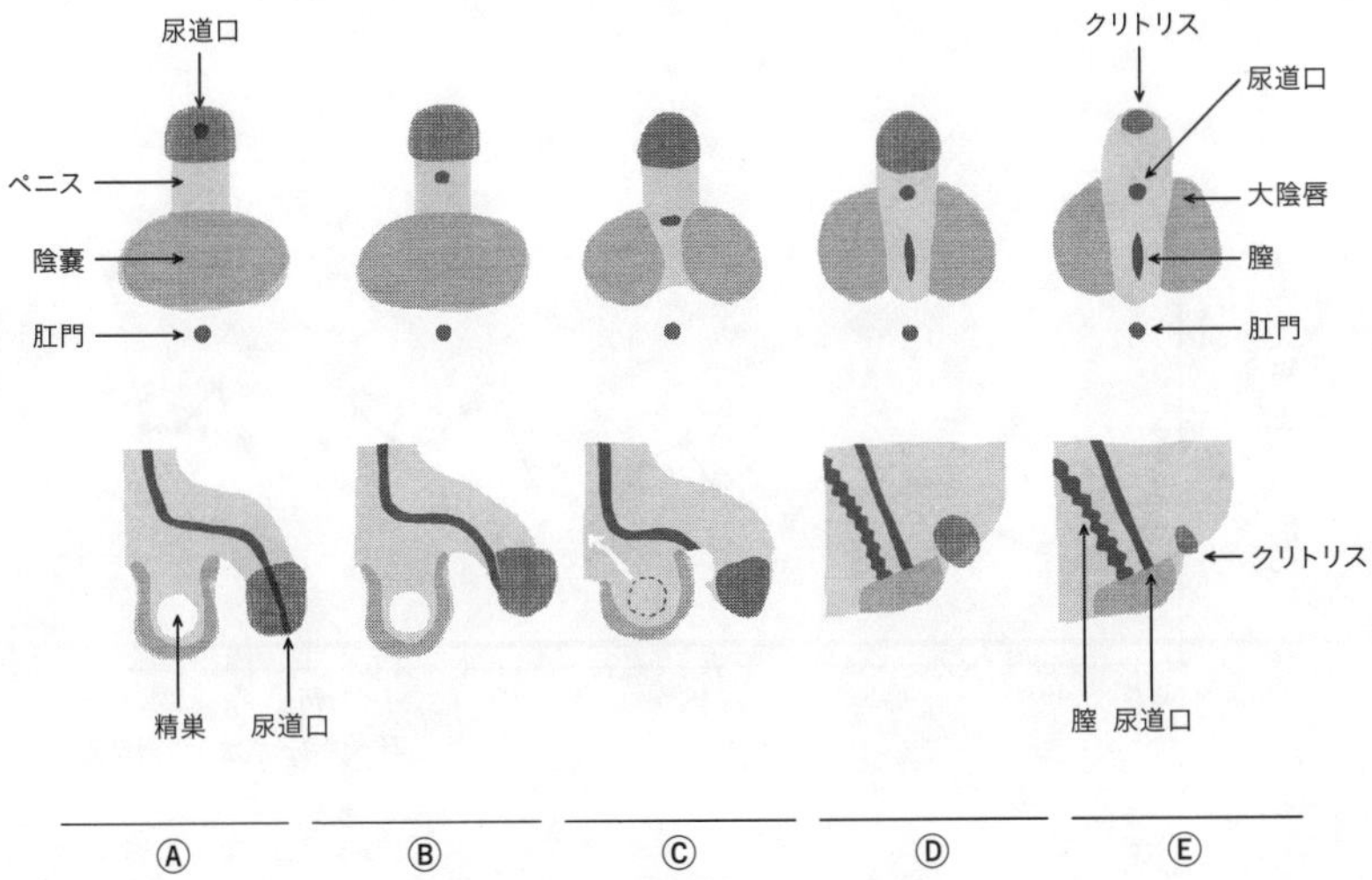

尿道下裂とは、先天的に尿道口がペニスの先端ではない位置に開口している症状を指す。Ⓐが正常男性。Ⓑが軽度の尿道下裂（尿道口がペニスの途中に開口している）。Ⓒが高度の尿道下裂（尿道口の位置がペニスの根元近くに位置し、ペニスの屈曲も見られる。精巣がお腹の中などにとどまり、陰嚢内にない場合を停留精巣という）。Ⓓが男性化（クリトリス肥大）を起こした女性。Ⓔが正常女性。

図2-4　日本男児の尿道下裂増加

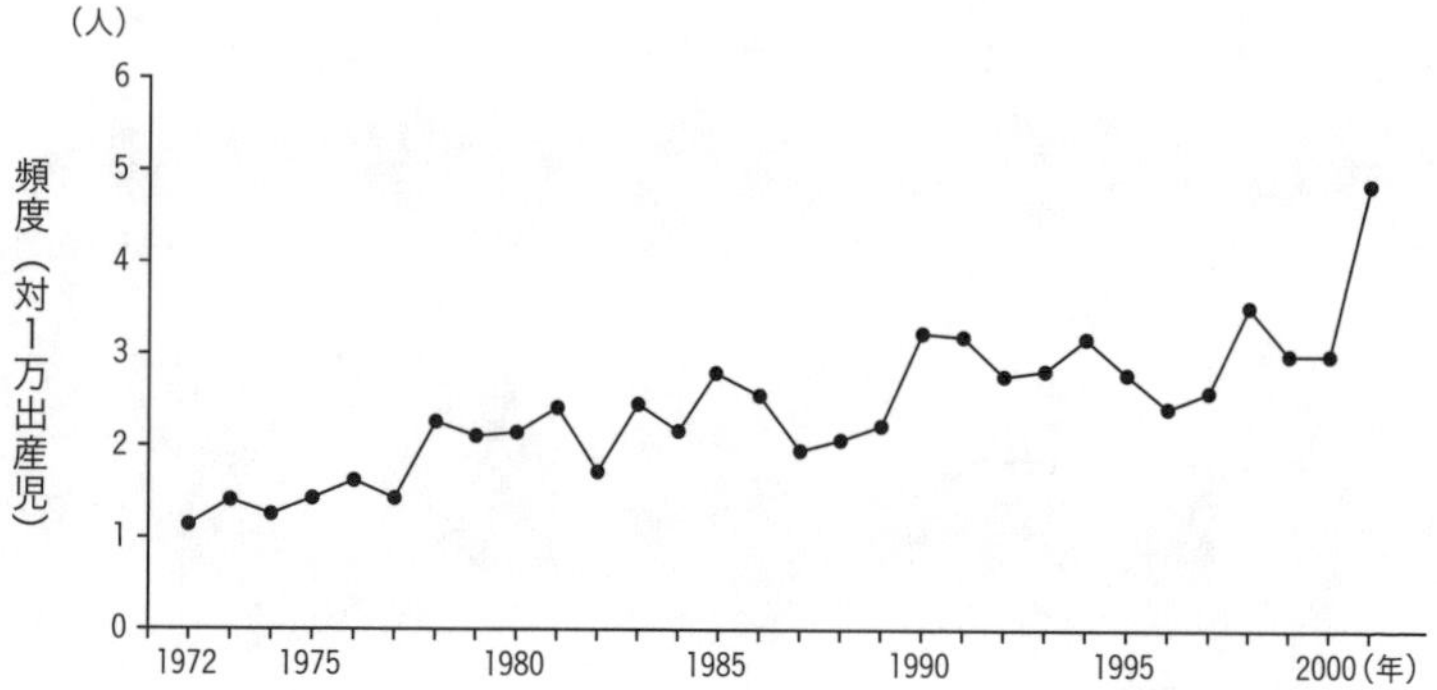

日本産婦人科医会の調査より

尿道下裂は胎児期の男性ホルモン（アンドロゲン）作用による性分化の異常の現れととらえられ、近年日本でも増加傾向が認められている。妊娠時にDES（流産予防薬として作られた合成エストロゲン剤）を服用した母親から生まれた子どもにも尿道下裂の発症が見られたことから、環境ホルモンの影響も考えられる。

スカケベックのＴＤＳ仮説では、環境ホルモンの影響が軽度の場合は精子形成障害、中等度で停留精巣、高度で尿道下裂が加わってくるとされ、精巣腫瘍も程度が上がるにつれて増えるとされています。

生徒　仮説ということは、実証されているわけではないのですね。

堤　はい。男性機能に関して観察されている様々な異常に対して、一つの視点から出した見解です。定説とは言えません。しかし、ホルモンの関係する事象を個別に見るのではなく、総合的に考えていくという点では大事な見方であり、無視はできません。

生徒　精子の数が少なくなってきている可能性はあり、少なくなっているならどの程度であるか、その原因は何で、環境ホルモンが関係するのか、という問題は解決しなくてはなりませんね。

堤　その他、日本では千葉大学の森千里教授のグループが監察医務院（法律に基づいて、すべての不自然死〔死因不明の急性死や事故死など〕について、死体の検案や解剖を行い、その死因を明らかにするための施設）の約二万人の死体の精巣重量を調査しています。

死亡時二〇歳から三九歳までの男性では、年代により身長と体重が増加するにつれて一九六〇年代から一九八〇年代にかけて増加し、一九九〇年代にかけてやや減少する傾向が見られたということです。精巣の重さは精子の数や精巣機能を代表するだけに、注意しなければなりません。

最後にわれわれのグループのデータを紹介しましょう。人工授精や体外受精で日々精子や精液を操作していますが、その中にもダイオキシンが検出されないかと思ったわけです。

精液検査で精子濃度が正常な人と精子が少ない「乏精子症」、つまり正常な方と治療を要するような方を比べました。

生徒　ダイオキシンの濃度が高いと精子ができにくいとしたら、乏精子症の方のダイオキシン濃度が高くなるのですか。

堤　私の発想はあなたと同じでした。ところが、ここで私が驚いたのは、正常な方の精液には相対的に高濃度のダイオキシンが含まれていたことです。そして、精子の数が少ない乏精子症の方の精液には、ダイオキシンが少ないことが分かりました。

生徒　不思議ですね。ダイオキシンが多い方が精子の数も多くなるのですか。ダイオキシンが少ないと精子ができにくい、ということですか。

堤　そうも考えられましたが、さらに検討を加え血液中のダイオキシンを測ってみると、むしろ正常な方の方が少なく、精子が少ない患者さんの血液中のダイオキシンが多い傾向がありました。

結果として最終的に確認できたことは、精子そのものが汚染されていることです。小さな精子の体に微量ですがダイオキシンが含まれているのです。ですから、精子がいっぱい精液中にある方には、相対的にダイオキシンも高濃度になることが分かったわけです。

生徒　生命の最初の精子と卵子の受精の時点から、ダイオキシン汚染はあるのだということですね。

堤　これが受精にどのような意味をもつか、不妊症等と関係するか、ということも検討すべきことです。

もう一つ最新のデータです。東大病院病理部の遠藤久子先生が一九五八年から一九九八年まで四〇年間の、胎児や新生児期に亡くなった男の子の精巣を調べる研究を行っています。プレパラートを一枚一枚、精祖細胞の数を一個一個数えていきました。精祖細胞は精子の基ですから、数が減っていれば胎児のときに精子の数が減る原因があるということになります。

しかし結果として、昔といまでは精祖細胞の数には少なくとも大きな差は認められないことが分かり、データをとりまとめています。

われわれの研究では、不妊外来の精子数にしても、胎児期の精祖細胞の数にしても、はっきり精子減少を支持するものはありません。一般に大きな異常を示す成績は注目され、異常がないものは取り上げられにくいことが現実です。しかしこういった研究も積み重ね、残していく努力もしなくてはいけないと思っています。

第二章の結論として言えることは、精子数は小規模な検討でははっきりわからない程度であるが、わずかながら減少していると思われることです。

男性性器の奇形である尿道下裂や精巣腫瘍が増加していることとあわせると、男性機能に異変の徴候があると考えるべきでしょうし、動物実験で環境ホルモンが同様な異変を起こしうることから、環境ホルモンの関与も検討すべきであると考えるのが妥当でしょう。

もう少し環境生殖学的な考察を加えてふみこむと、尿道下裂に関して言えば、性の分化は男性ホルモンが決定因子なので、胎児期では、女性ホルモンであるエストロゲンの影響は少なく、エストロゲン作用をする環境ホルモンより、男性ホルモンの作用を撹乱するものを検討していくべきだと理解されます。

成人の精巣腫瘍に関してはエストロゲンの影響も考える必要があり、エストロゲン作用をする環境ホルモンに注目してもいいでしょう。

いまお話ししたことからも、環境ホルモンは作用する時期、例えば、胎児なのか、子どもなのか、大人なのかによっても、働きが変わることに注意する必要があることもお分かりいただけたでしょう。

第三章
生殖の仕組みと女性の病気

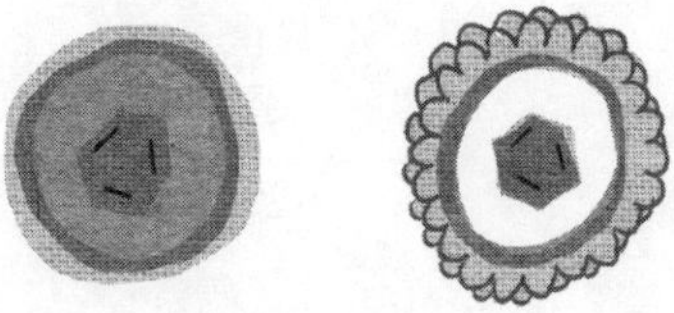

ライフサイクルと環境ホルモン

堤　女性のからだの仕組みは皆さんご存知でしょうが、念のためざっとお話ししておきましょう。妊娠出産と環境ホルモンの関係だけでなく、女性の病気と環境ホルモンの関係を考えるための入り口です。

生殖において精子の役目も大事ですが、妊娠し出産し、母乳で保育するのは女性ですから、何と言っても女性のライフサイクルが重要になります。図3―1を見てください。

ホルモンのコントロールで排卵された卵子と射精された精子は、卵管で受精し生命が始まります。受精した卵子は細胞分裂して胚盤胞（はいばんほう）というステージを経て、子宮の中、詳しく言うと子宮内膜に着床（ちゃくしょう）します。子宮内膜を調整するのもホルモンです。

胎児となった新しい生命は羊水に包まれ、胎盤（たいばん）で養われ、出産を迎えます。

図 3-1　女性のライフサイクルと性ホルモン・環境ホルモンの働き

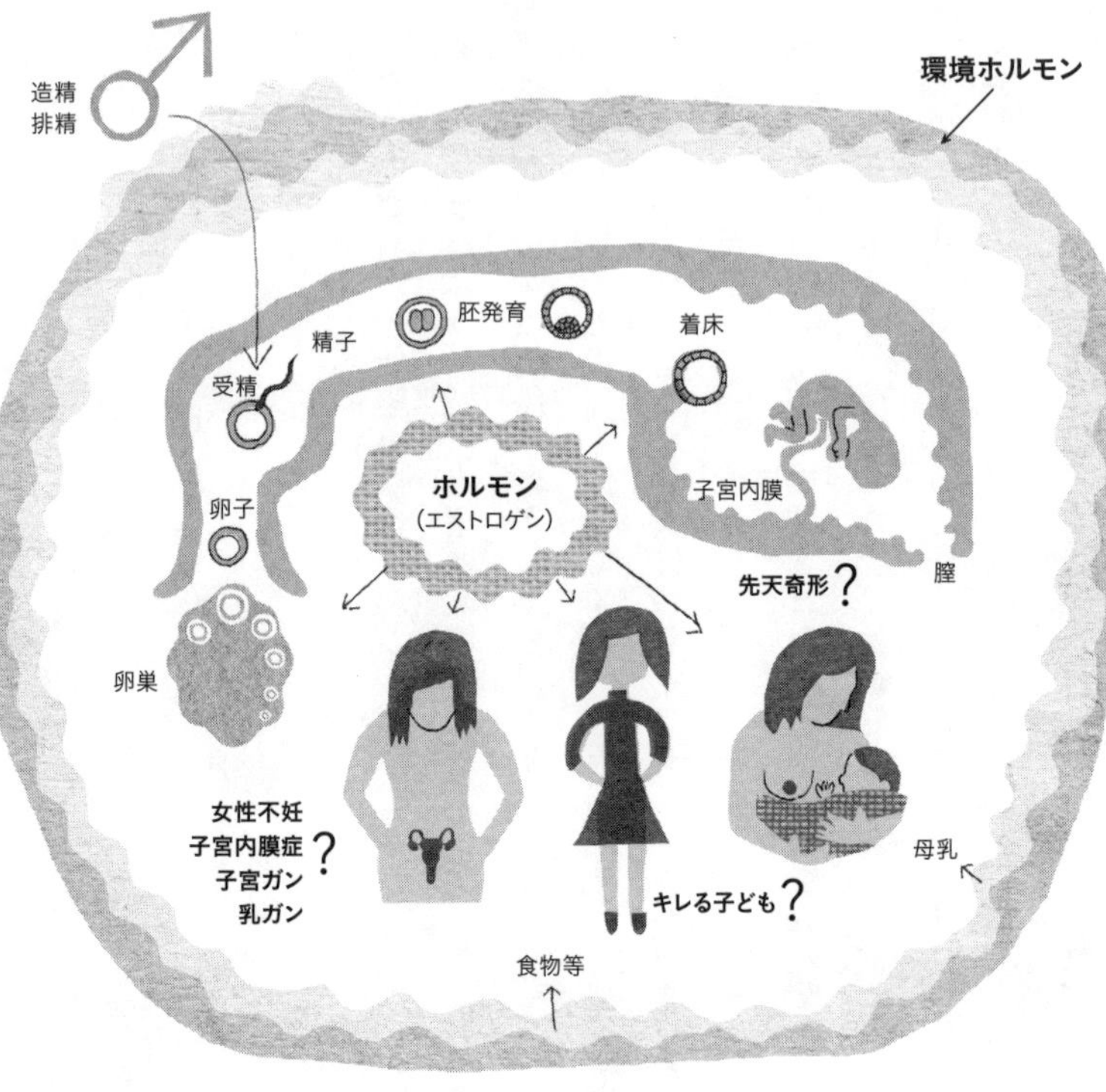

生命の始まりから終わりまで、女性のライフサイクル全般に作用する性ホルモンの代表がエストロゲンである。環境ホルモンがエストロゲン作用を撹乱し、様々な異常を引き起こしているのではないかと考えられている。男性では、環境ホルモンのエストロゲン作用と性ホルモン(アンドロゲン) 作用の撹乱が問題になる。

ここでも胎盤や胎児が出すホルモンの働きが大事です。誕生した赤ちゃんの多くは母乳で育ち、やがて思春期になると、排卵しホルモンを出し、月経も始まります。

この、女性が世代を超えて繰り返すライフサイクルをコントロールするホルモン、その代表がエストロゲンです。このエストロゲンの作用を攪乱する環境ホルモンが忍び寄り、図に示した様々な異常を起こしているのではないか、といま疑われているのです。

生徒　いまどの程度人体に環境ホルモン汚染があり、それがどのくらい当人の健康や次世代に影響を与えうるか、それを見ていく必要があるのですね。

堤　はい。われわれ産婦人科医は、とくに不妊症の治療で体外受精を行います。これは卵巣から超音波で卵子の状態をチェックし、一定の時期に卵胞液につつまれた卵子を卵胞液といっしょに吸い取ります。

卵子を育ててきた液が卵胞液と言っていいでしょう。そしてもう一方、精子を含んで射精で出てくるのが精液です。精液から元気のよい精子を選び出し調整して、卵子と受精させて、胚に育てて、子宮の中に戻すのが体外受精です。

これはいま、日本でも年間一〇万件以上行われていますし、一万人以上の子どもがその治療によって生まれているのです。

生徒　日本で生まれる子どもの数は百万人ちょっとですから、一万人と言えば、百人に一人は体外受精で生まれるということですか。

堤　そうです。体外受精の場合、顕微鏡の下で卵子と精子の受精や受精した卵子、つまり胚の発育を観察するのです。そのときに扱う卵胞液は、卵子を養う液ですから栄養がたっぷり含まれていると同時にホルモンも含まれています。

私は人体が環境ホルモンに汚染されているなら、この卵胞液にまでその汚染が及んでいるのではないか、そう考えて、ダイオキシンが存在するのかどうか調べてみました。

すると、卵胞液中に微量ですがダイオキシン類が検出された。汚染されていない人はいません。このことからお分かりのように、すでに卵子も汚染されているのです。

生徒　自分たちの体は少々汚染されていてもしょうがないと思いますが、卵子も汚染されているとなるとちょっとドキッとします。

堤　そうですね。事実は事実として受け止めていただく必要がありますが、現在の汚染の程度は、どの程度まで大丈夫なのかということは、これから研究すべきことで、確定的なことは言えません。

いま分かっている範囲では、卵子の受精能力に影響を与えたり、不妊の原因になるレベルであるとまでは思いません。しかし、汚染は事実であり、そのリスク等が完全に解明されているわけではなく、不確定なところもあります。

環境ホルモン研究に限らず、不確定性を含む事実の報道にはある種の危うさが伴う、と言うことができます。

生徒　そうですね。私も報道は正確さが命だと思います。同じ事実でも伝え手のとらえ方次第で、良くもなれば悪くもなりますね。環境ホルモン報道では、メディアが不安を煽(あお)ったという批判も聞きました。

堤　そこまで言うのはどうでしょうか。われわれも論文や学会で研究成果を発表します。それが報道されるのは、研究成果の社会への発信の一手段として歓迎すべきことだとは思います。しかし、場合によって、内容によって先ほどとは多少違った意味で、ドキッとすることがあります。

たとえば見出しが「卵巣からダイオキシン」。この場合、記者の方はよく勉強されていて、事前に取材もされ、記事の内容も正しいのです。とは言え、環境問題に不安をもっている読者が、見出しだけを見たとき、あるいは、本文を読まれたとしても、限られた紙面の中の解説で十分理解できるかと、不安を感じてしまいます。

そしていま挙げた記事は別としても、いったん記事が世に出れば、その内容には研究の発信者が責任を負うのは当然で、環境ホルモン問題に限らず、研究者が不本意ながら批判を浴びることもありえます。

「研究者が不安を煽って、人心を撹乱している」「環境ホルモンにはたいしたリスクはなく、そもそも環境ホルモン問題などなかった、空騒ぎであった」「メディアは問題はないことは取り上げないから、問題がないと思っても『環境ホルモンに問題なし』という記事は出さない」……とする方々からはご批判をいただくかもしれません。実際にそういう論調のご発言を見聞きしています。

しかし、得られたデータを正確に公表していくのも研究者の務めです。環境ホルモンに限りませんが、リスクの評価とか（序章でも申し上げた）リスクコミュニケーションが大事なのです。

また、不遜に思われるかもしれませんが、環境生殖学などという新しい言葉をもって本書に取り組んだのも、環境ホルモンに関する知識を、広くメディア関係者も含めて、より多くの方々に深めていただき、真のリスクコミュニケーションを可能にしたい、というモチベーションがあったればこそです。

さて、もう一つ、やはり心臓に悪い言葉かもしれませんが、「複合汚染」という用語を聞いたことはありませんか。

生徒　はじめて聞きますが、あまりいい響きではありませんね。いろいろな環境ホルモンが複合的に人体を汚染しているということでしょうか。

堤　そうです。仮に、エストロゲン作用をもつ環境ホルモンが百種類あり、ある人がこの百種類の環境ホルモンすべてに汚染している、ただし、汚染の度合いは低く、それぞれが作用の検出される量の百分の一程度汚染しているとします。

その結果をどう予想しますか？　百分の一だから安心だと言えますか？　この環境ホルモンが協力する形でエストロゲン作用を発揮したら、たとえそれぞれはわずかな汚染であっても、複合して何らかの作用をしてしまう可能性は十分ありえるでしょう。やや誇張した説明になってしまいましたが、こうした事態を「複合汚染」のイメージと考えてください。

詳しくは第五章で説明しますが、食物や水等に含まれるさまざまな環境ホルモンは体内に吸収されます。そして、ダイオキシンのように長く留まるもの（有機塩素系等）と、ビスフェノールAを含む日々相当量が摂取されて代謝されていくもの（芳香族系等）とがあります。

ダイオキシンが体内に残留していることはある程度予測していました。しかし、ビスフェノールAは生殖器官までは到達しないかと思っていたところ、卵胞液でも血液中と同じくらい検出されたのに驚いたのです。

生徒　人体に取り込まれた様々な環境ホルモンが、生殖器官や卵胞液まで複合的に汚染するということですね。先ほどのライフサイクルで言うと、精子・卵子・受精卵の次は胎児になりますが、先生は胎児の研究もなさっているのですか。

堤　はい。産婦人科では大勢の方が出産されますから、ご協力いただける方から同意を頂戴して、臍の緒の血液（臍帯血）を調べてきました。大学院生の生月弓子君（当時）が中心になって、羊水を一緒に取らせてもらうこともありました。

ダイオキシンを調べてみますと、母体の血液中に平均で約二〇ピコグラム含まれていました。そのとき同時に採った臍帯血では、その約半分の一〇ピコグラムぐらいのダイオキシンが検出されます。

と言うことは、ダイオキシンは胎盤を通して胎児側に移行しているのです。そして、やや濃度勾配はありますが、お母さんの濃度が高ければ赤ちゃんの方も高いという、正の比例関係があることが分かります。

もう一つ注目しなければいけないのは、羊水中にもそうとう高濃度に含まれており、いったん胎盤を通って胎児側に移行したダイオキシンは、胎児の中で循環して、胎児のスペース（居場所）と言うべき羊水をも汚染していることがわかるわけです。

この辺でデータ分析に関する質問を一つしましょう。

出産されるお母さんは初産の人（一回目）、二回目の人、三回目の人というふうにグループ分けできます。ではダイオキシンの量を見ると、どのグループが多いか、変わらないか考えてください。次の五種類のどれだと思いますか。

1　一回目＞二回目＞三回目
2　一回目＜二回目＜三回目
3　一回目＝二回目＝三回目
4　一回目＞二回目＝三回目
5　一回目＜二回目＝三回目

生徒　年齢が高いとダイオキシンの濃度も高くなるということを考えると、出産回数が多い人は年齢も高く、2が正解のような気もしますが、妊娠すればダイオキシンは胎児に行き、母乳に多く出るというのを重視して、1のお産の回数が増えるほどダイオキシンの量は減る、でしょうか。

堤　正解です。考える道筋もいいです。同じ出産回数の人同士で比べれば、年齢が高い人がダイオキシン濃度も高いのですが、出産回数で分析してみますと、母体の血液中は、初産の方に比べて、一度お産をした方、二度お産をした方と徐々に少なくなります。

　ですから、これは出産をするにつれて母体側から胎児にダイオキシンが移行していること、あるいは母乳を通してお母さんの負荷が減っていることを示します。臍帯血で見ましても、初産で生まれたお子さんの高濃度に対して、二番目に生まれた方、三番目に生まれた方は相対的に低くなることが分かるわけです。

生徒 ということは、母体の汚染をそのまま胎児は引き継ぐということですね。しかも汚染は、産婦の年齢が上がれば上がるほど高くなるということも気になります。

日本の場合、少子化で子どもを産む数（合計特殊出生率、つまりひとりの女性が生涯に生む子どもの数）が約一・三～一・二九と少なくなりました。しかも出産が高年齢化していることは、相対的にダイオキシンの汚染が強い子どもが生まれていくということでしょう。

堤 はい。さらに胎児にも様々な環境ホルモンが汚染し、先ほどお話しした、複合汚染にあたるだろうということも問題になります。

ビスフェノールAの類は母体で代謝されて、比較的短時間で、尿や便に出ていくので、胎盤でブロックされて胎児にはあまり移行しないのではないか、という希望的観測もありました。

ところが、われわれがビスフェノールAを測定してみると、胎児の血液（臍帯血）で母体の濃度とほぼ同量が検出されました。なんと胎盤を素通りするのです［図3―2］。

もっと驚いたことがあります。出産時の羊水にもビスフェノールAは検出されました。これは仕方がないとして、妊娠の早い時期のデータをとって目を疑いました。

産婦人科では出生前診断といって、妊娠一六〜一八週くらいの羊水を取って染色体や病気の検査をすることがあります。検査の結果異常がなかった胎児の羊水に含まれるビスフェノールAの濃度は、母体の血液や出産時の胎児の血液や羊水の何倍も高かったのです。

生徒　なぜでしょう。赤ちゃんは大丈夫なのですか。

堤　母体や出産間近の赤ちゃんはビスフェノールAを代謝することができるのに、早い時期の胎児は体の機能が未熟で代謝できず、胎児側にたまって濃縮されているのだと思います。

このことは、汚染を考えるときに胎児を中心に検討すべきことがあることを示唆していますが、この問題は第四章で考えることにします。胎児までの考察に続いて、汚染を受けた女性の病気について考えましょう。

図3-2　ビスフェノールAの濃度

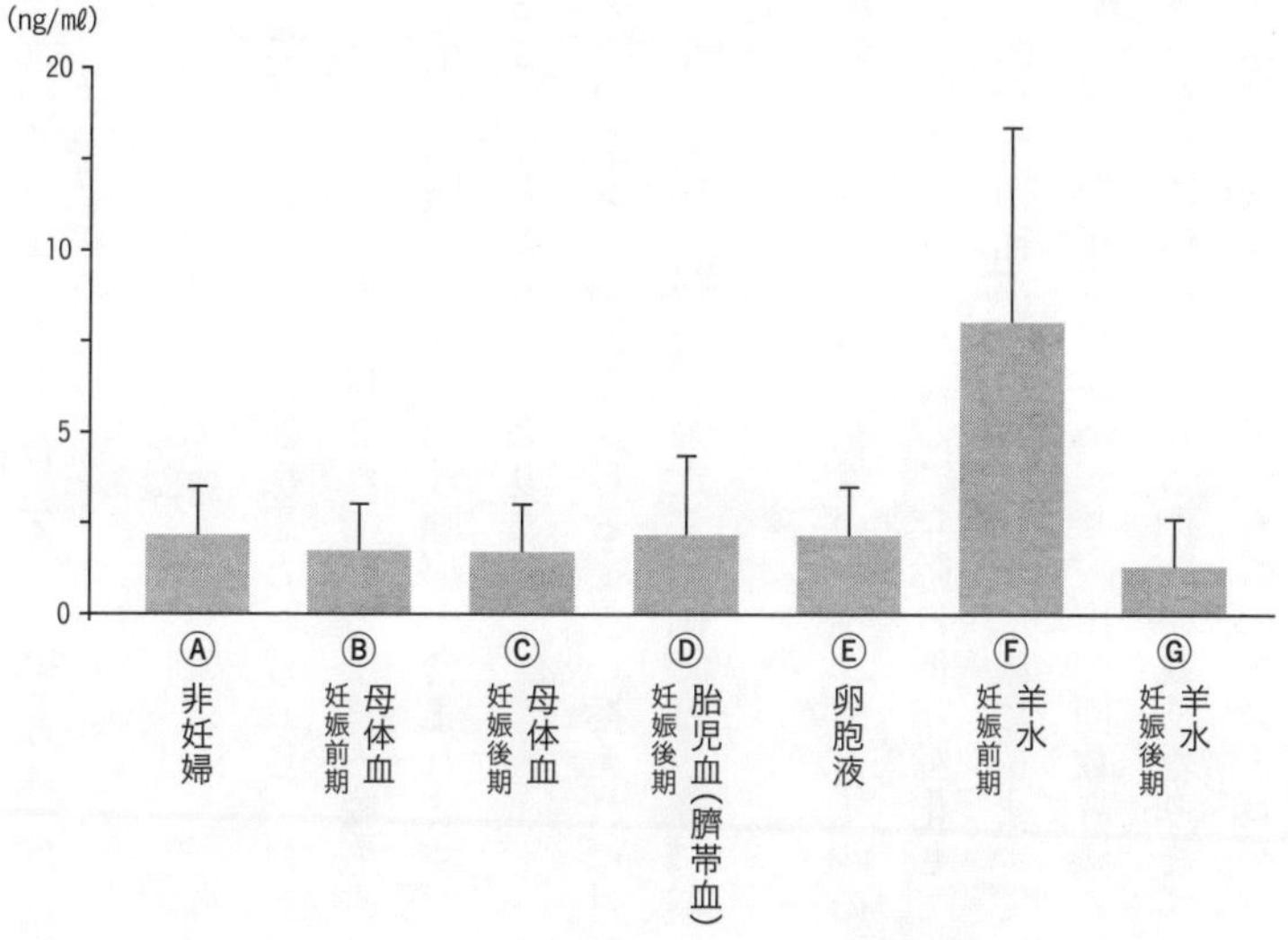

妊娠していない女性の血液Ⓐ、妊娠前期Ⓑ・後期の母体の血液Ⓒ、胎児の血液（帝王切開時に臍の緒からとったものⒹ、体外受精時に採取された卵子を包んでいる卵胞液Ⓔ、妊娠前期Ⓕ・後期の羊水Ⓖに、それぞれ含まれているビスフェノール A 濃度を調べたもの。胎児の血液にも母体と同程度の汚染が認められることから、ビスフェノール A が胎盤を通過し、胎児側へ伝わっていることがわかる。また、卵胞液からの検出は、受精前の卵子の時点での汚染を示している。最も高濃度のビスフェノール A が含まれているのは妊娠前期の羊水。母体や出産間近の胎児はビスフェノール A を代謝できるが、身体機能が未熟な妊娠前期の胎児は代謝することができず、胎児の側にたまってしまうためだと考えられる。他の時期と比べ、妊娠前期の胎児が高濃度の環境ホルモンに曝されていることを示している。著者らの2002年の報告による。

増え続けるエストロゲン依存性疾患

堤　エストロゲン依存性疾患と呼ばれる、月経に関係した女性に特有の病気があります。最近注目されている子宮内膜症や子宮筋腫もそうですが、乳ガン、子宮内膜ガン等の悪性腫瘍も含まれます。エストロゲンは発ガン物質であるという考え方さえあります。

エストロゲンの影響を受ける、言い換えれば月経を経験するにつれて病気が出てくるのが特徴で、最近文明国では一様に増加しているという事実があります。

増加の原因としては、女性のライフスタイルの変化が第一に挙げられます。初経（最初の月経を迎える）年齢は低年齢化しています。日本ではかつて十六歳であった初経が、現代では十二歳に早まっています。

結婚年齢、出産年齢があがり、出産回数も減るにつれて、月経、すなわちエストロゲンの作用を受ける期間が長くなります。

出産年齢が低ければ、早いうちにエストロゲンの作用を免れる機会が得られ、出産回数も多ければ、その期間が長くなります。

説明するまでもないかもしれませんが、妊娠して月経が止まればプロゲステロンというホルモンが働き、エストロゲンの作用を抑えます。授乳の有無にもよりますが、出産してから一年程は月経がありません。

つまり妊娠して出産すれば、一回につき、通算で約二年間、エストロゲンの作用を免れることになるのです。残念なことにエストロゲン依存性疾患は妊娠に不利に働き、不妊症の原因にもなります。

生徒 月経が始まって妊娠できるのに、妊娠しないでいると妊娠しにくくなる、という言い方もできますね。

堤 医学的には正しいですが、医師が患者さんにお話しする場合ですと、そういう表現は慎重にしないと、誤解を受けます。

いずれにせよ、エストロゲン依存性疾患は、女性にとっても産婦人科医にとってもありがたくない病気ですが、発生メカニズム等が、よく分かっていないという点も共通しており、エストロゲン作用を撹乱する環境ホルモンも発生原因の一つではないかと言われているのです。

先ほどいくつか病気の名前を挙げましたが、一番気になるのはどれですか。

生徒　そうですね。ガンも気になりますが、私の周囲に子宮内膜症で苦しんでいる人が大勢いるのが一番気がかりです。
　月経痛で仕事を休まざるをえない人、なかなか子どもを授からないので不妊治療を受けている人もいます。

堤　では、まず子宮内膜症の話からしましょう。余談になりますが、東京大学分院がかつて目白台にありました。都心とは言え閑静な住宅街にあり、「ボロいと言ってしまえばそれまでだが、何ともレトロな病院である」と表現された患者さんがいました。

　その分院が閉院になるにあたり、四〇年前まで過去にさかのぼって手術記録を調べました。子宮内膜症は増えていると産婦人科医ならだれでも実感しているのですが、どのくらい増えているのかは、なかなか正確に知ることはできません。

　われわれは、開腹または腹腔鏡(ふくくうきょう)でお腹の中を調べた患者さんの中に、何人くらい子宮内膜症をもっている人がいたかを調べました。その結果を加藤賢朗助教授(当時)がまとめてくれたのが図3—3です。

　一九六〇年当時にももちろん子宮内膜症はありました。百人に一人くらい

図3-3　子宮内膜症の増加

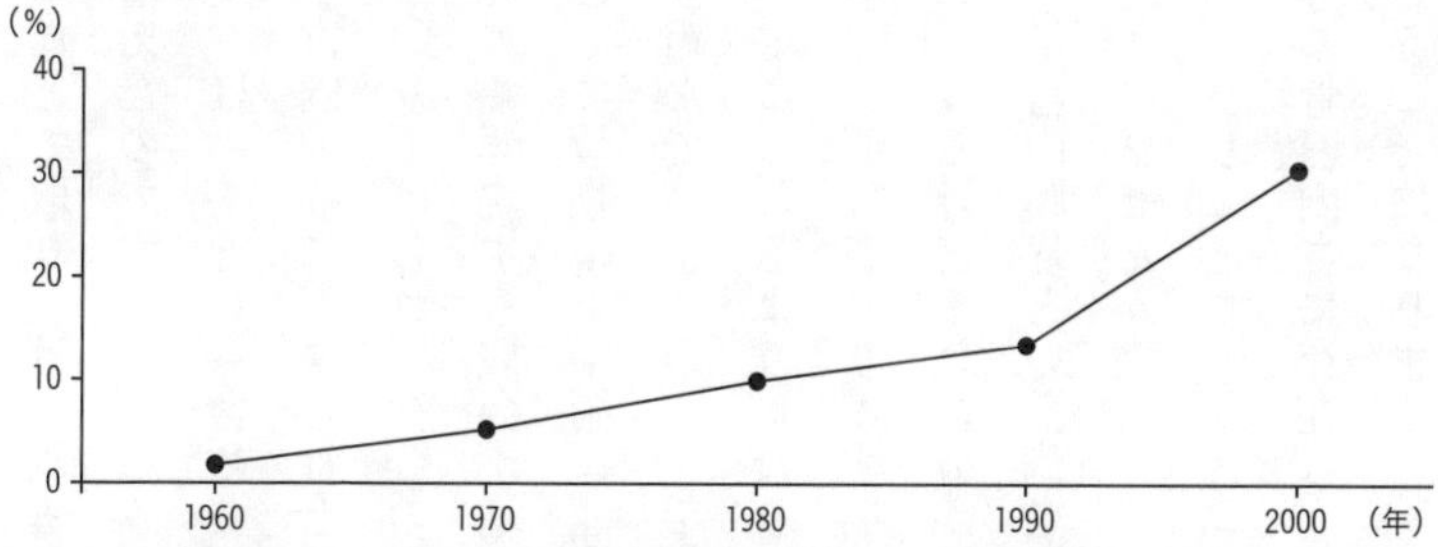

東京大学（旧分院）における手術患者のうち、開腹、または腹腔鏡でお腹の中を調べた結果、子宮内膜症の存在が認められた割合を示した図。過去40年間で約30倍に増加していることがわかる。

ですから当時はまだ珍しい奇妙な病気だと認識されていました。

生徒　右肩上がりに、どんどん増えていますね。

堤　そうです。ざっと七〇年には五%、八〇年一〇%、九〇年一五%と一直線に増加し、二〇〇〇年には三〇%に跳ね上がっていますね。年代を追うごとに増えてきているのが分かるでしょう。

ただし、二〇〇〇年の増加には多少バイアスがかかっていると思います。何だと思いますか。

生徒　増えたということだけではないのですね。たしかに三人に一人とはすごく多い数字ですものね。ニュースなどで取り上げられることが多いので、もしかしたらと、病院にいく人が増えたのですか。

堤　はい。それも含めて、キーポイントはメディアですね。

子宮内膜症に対する社会の関心が高まり、新聞やテレビで子宮内膜症のことが取り上げられ、社会の理解も進む。私自身も新聞、雑誌やテレビ等のメディアで解説する機会が増えました。

とくに腹腔鏡下手術（開腹せず、腹腔鏡を使って手術すること）に熱心に取り組んでいますので、手術が必要な子宮内膜症の患者さんが、全国から集まってこられるようになり、その結果、患者さんの中で、子宮内膜症の割合が増えた部分があります。

生徒　なるほどそれは分かりますが、先ほど奇妙な病気だとおっしゃいました。子宮内膜症という病名はよく聞くのですが、どのような病気か説明してくださいませんか。

堤　ひとことで言うと「子宮内膜症は子宮内膜組織が異所性（いしょせい）（多くは子宮以外の骨盤（こつばん）内）に存在し、エストロゲンにより増殖、進行する疾患である」ということになります。

もう少し分かりやすく説明すると、月経のときに子宮内膜は月経血と一緒に子宮から膣を通って出ていきます。その子宮内膜の一部が卵管を通って逆流して、お腹の中に着地して、そこで増殖し局所で出血したり、痛みの物質を出したり癒着を起こしたりするのです。これを子宮内膜移植説（逆流説）と言います。

不思議だと思いませんか。たとえてみれば、髪の毛が抜けて手の平に落ちたら、そこにくっついて髪がいっぱい生えてくる、というようなものです。

生徒　想像するとちょっと不気味な話かもしれません。いま移植説と言われましたね。ということは他にも説があるのですか。

堤　はい。いろいろな説があります。月経血が逆流するのは同じですが、その刺激で腹膜等が子宮内膜に化ける「化生説」も有力です。

ほかにも脳や肺にできる子宮内膜症などがあり、それらを含め発生の初期に子宮内膜の「芽」がさまようとする「迷入説」があります。

いろいろな説があるということは、よく分かっていない部分があるということですが、いずれにしても子宮（子宮内膜）の存在とエストロゲンの活発な分泌が、子宮内膜症ができる条件です。

生徒　それと環境ホルモンが関係してくるのですか。

堤　環境ホルモンはエストロゲンの働きを撹乱する物質であるということと、エストロゲンにコントロールされる子宮内膜症が増えているということだけで、両者の関係を結びつけようとしたら、論理の飛躍があります。状況証拠にもなりません。

両者の関連が注目されるきっかけは、アメリカの女性研究者ライアーが一九九三年に発表したアカゲザルの実験です［図3―4］。

ダイオキシンをごく微量（体重一キロあたり一二六ないし六三〇ピコグラム）四年間与えたサルを一〇年後に調べたところ、子宮内膜症が多発し、しかも重症化したというのです。

本人から直接聞いたのですが、もともとはダイオキシンと不妊の関係を調べようとして実験を始めたそうです。

長期間にわたって飼育していたところ、一匹が腸閉塞で死亡した。そのサルを解剖して調べたら、腸管と腸管が子宮内膜症の病巣で癒着するひどい腸管子宮内膜症が発見されました。

不思議に思い、それでは他のサルも調べてみようとなって、他のサルにも

図3-4　アカゲザルの子宮内膜症

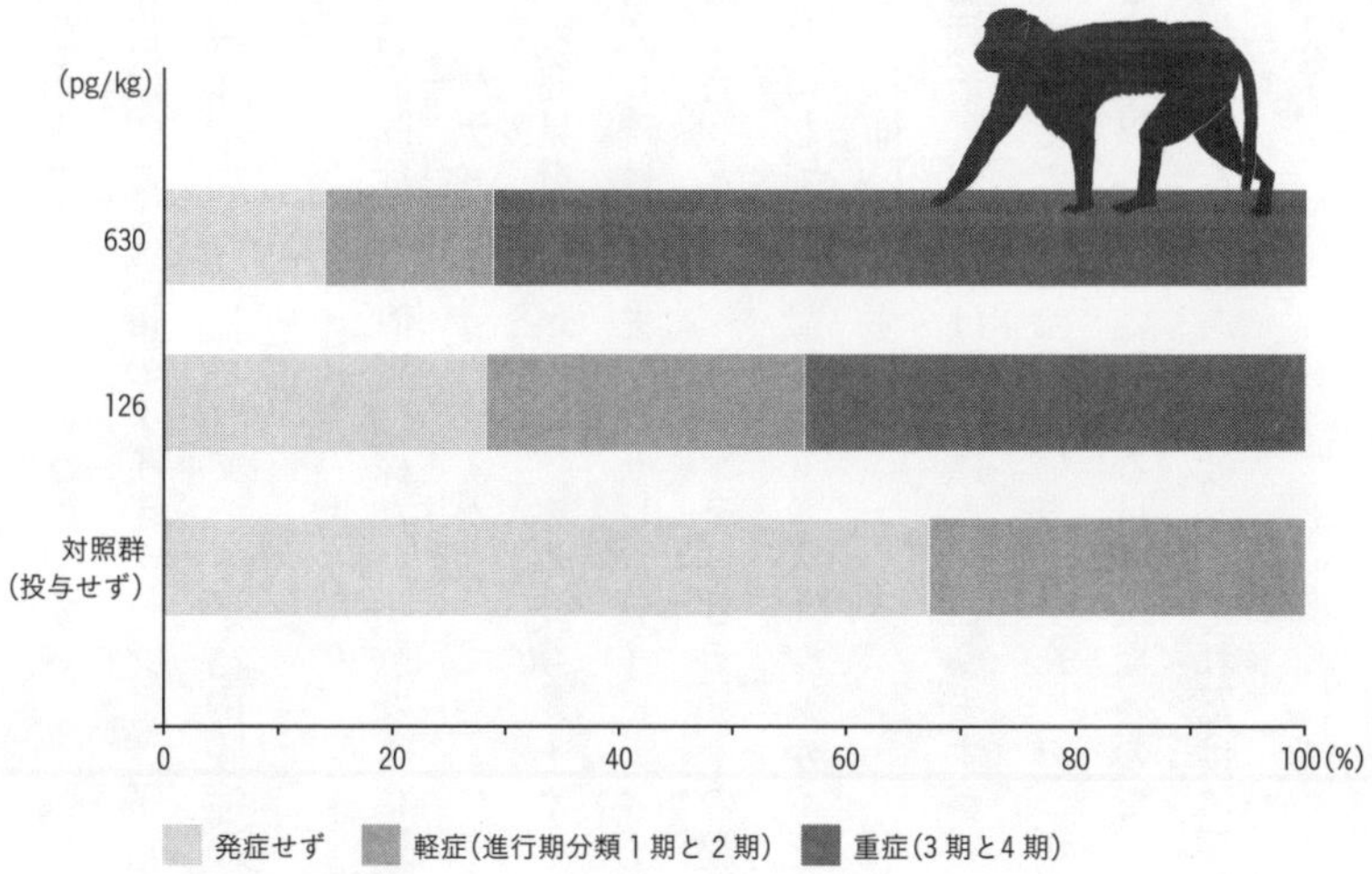

ごく微量のダイオキシンをアカゲザルに4年間投与し、10年後の状態を調べた結果、子宮内膜症が多発していることがわかった。グラフは投与していない対照群、(体重1キロあたり)126ピコグラム投与群、630ピコグラム投与群を比較したもの。投与した量に比例して発症率が上昇し、進行期も悪化している。子宮内膜症が自然に発生するのはヒトとサルのみで、研究で投与されたダイオキシン量は、ヒトが乳児期に母乳から摂取している量と大差ないことからも、ダイオキシンが子宮内膜症増加の原因になっているのではないかと考えられた。1993年のライアーらの報告による。

子宮内膜症がみつかったというのです。

この報告は、ごく微量のダイオキシンで、子宮内膜症ができる可能性があること、現在増加が注目されている子宮内膜症の解明につながること等から、大変注目されました。

生徒　子宮内膜症とは直接関係ない実験なのに、大発見に結びつけたのは、彼女のセレンディピティーですか。

堤　この発見をきっかけに、その後もダイオキシンと子宮内膜症の関係を熱心に研究し続けています。セレンディピティーと言ってもいいでしょう。今度学会で会うときに、セレンディピティーの賜物（たまもの）だと言っておきます。

生徒　それにしても、微量のダイオキシンがもとでひどい子宮内膜症になり、死に至るとは怖い話ですね。

堤　腸管子宮内膜症はヒトにも起こりますが、治療すれば死ぬことはありませんので、そこまでは心配いりません。

ヒトとサル以外にはいわゆる月経はないので、他の動物には子宮内膜症は自然に発生することはありません。それだけに、サルの実験はクローズアップされました。

このサルの子宮内膜症はピコグラムという微量であることをもう少し考えましょう。

いろいろな動物実験がありますが、ライアーの実験はダイオキシン負荷量が最も低いレベルだったことが重要です。

さらに、ヒトが摂取しているダイオキシンの量と大きくは違わない投与量で、子宮内膜症という注目度の高いエストロゲン依存性疾患が認められた点が重要視されました。

この報告をきっかけに、子宮内膜症とダイオキシンの関係がいろいろな角度から検討されはじめました。ここで私が一番気にかかったのは、母乳中のダイオキシンです。

ダイオキシンの濃度が母乳で高いということは、報道でも聞いたことがあるでしょう。赤ちゃんが母乳から一日に摂取する量はいったいどのくらいだと思いますか。

参考までに日本の耐容一日量は体重一キログラムあたり四ピコグラムです。WHO（世界保健機構）は究極的には一ピコグラムより下げることを推奨しています。

1　〇・一ピコグラム
2　一ピコグラム
3　一〇ピコグラム
4　一〇〇ピコグラム
5　一〇〇〇ピコグラム

生徒　多いというからには、四ピコグラムは超えていますね。一〇ピコグラムでしょうか？

堤　ヒントをあげましょう。母乳中のダイオキシン濃度は脂肪一グラムあたり、一〇から一五ピコグラムだと考えて下さい。それから母乳の成分のうち、脂肪は五パーセントとして計算してみましょう。まず、一日にとる母乳の量から脂肪の量が分かりますね。

生徒　一回の哺乳で二〇〇ミリリットル、一日五回で合計一リットルの母乳を飲むとすると、脂肪の量がその五パーセントなら約五〇グラムですね。
　ダイオキシンの濃度が脂肪一グラムあたり、一〇から一五ピコグラムだとすると、一日で五〇〇から七五〇ピコグラムのダイオキシンが摂取されることになります。

堤　そうですね。合計量が分かれば、体重あたりの値もでますね。

生徒　はい。赤ちゃんの体重が五キロだとすると、五でわって、一〇〇から一五〇になります。すると答えは4番の一〇〇ピコグラムですか。

堤　はい、答えは一〇〇ピコグラムです。同じ量を摂取しても、体重が少ない赤ちゃんにとっては相対的に高濃度になります。人間は食物連鎖の頂点にいますが、ダイオキシンは母乳に高濃度に含まれるので、母乳で育つ赤ちゃんがその頂きの上にいるとも言えます。

生徒　それでは母乳保育はしない方が安全ですか？

堤　母乳には人工乳に比べて栄養の面でも、母子のコミュニケーションの面でも様々なメリットがあります。

このメリットは大切で、一時的にダイオキシンを多く摂取してしまうというデメリット・リスクをはるかに超えていると考えられるので、WHOや厚生労働省も母乳保育を推進する立場をとっています。私も後で述べるデータもあり、それでいいと思っています。

生徒　母乳にダイオキシンが多いのは分かりましたが、人工乳はどうなのでしょう。牛乳から作っているから同じことではないですか？

堤　これは食物連鎖を考えると答えが出てきます。牛は草食動物ですから食物連鎖の下の方にいます。それほどダイオキシンを摂取していません。餌に魚や化学物質でもあげないかぎり、大丈夫です。

話を元に戻しまして、母乳で赤ちゃんが一日一〇〇ピコグラムのダイオキシンを摂取している、これは、先ほどのサルの子宮内膜症の例と同じ摂取量約一〇〇ピコグラムで、大差がないということです。

そこで生じる疑問は、乳児期に母乳からダイオキシンを摂取した女性が、将来子宮内膜症にかかりやすいのではないか、ということです。

生徒　そうだとしたら大変なことですね。どうやって実態を調査したのですか。

堤　思い立って緊急的にアンケートをしました。子宮内膜症の患者さんと子宮内膜症の疑いのない一般ボランティア女性を対象として、ご自分が乳児のとき母乳で育ったか、人工乳であったか、混合か、それぞれお答えいただきました。

その結果、図3―5のように、子宮内膜症でない方の母乳保育率が六八％に対して、子宮内膜症の患者の方では五一％でした。つまり、子宮内膜症で

図3-5　母乳保育と子宮内膜症

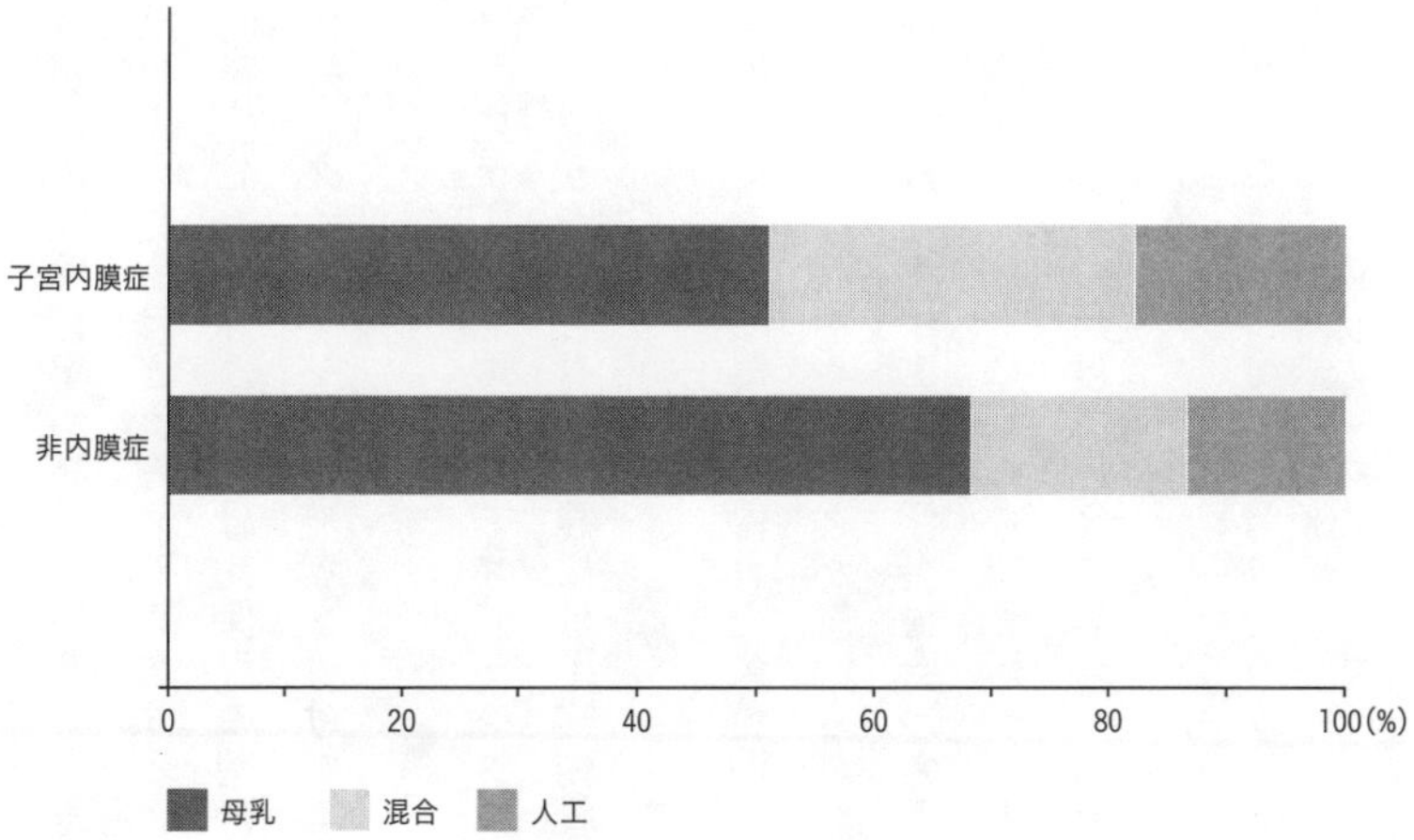

乳児が母乳を通して摂取するダイオキシン量は、体重１キロあたり約100ピコグラム（日本におけるダイオキシン耐容１日量は体重１キロあたり４ピコグラム）。子宮内膜症が多発・重症化した図3-4のアカゲザルに投与されたものとほぼ同量のダイオキシンを毎日摂取していることになる。そこで母乳と子宮内膜症の関係を調べるため、子宮内膜症の患者と内膜症の疑いのない女性を対象とし、乳児期の授乳方法を比較した。調査の結果は予期に反し、子宮内膜症でないグループの方が、母乳保育率が高いことがわかった。母乳で高濃度のダイオキシンを摂取しても子宮内膜症発現のリスクにはならず、むしろ子宮内膜症を予防する可能性もあると考えられる。著者らの2000年の報告による。

ない方のほうが、母乳保育率が高いという結果を得ました。

生徒　この結果を、先生はどう考えるのですか。

堤　子宮内膜症でない方の方が母乳保育の割合が高いのですから、母乳保育で相対的に高いダイオキシンの被曝を受けても、子宮内膜症発症のリスクとはならないと言えます。

今後より詳しいデータを取って、エビデンス（科学的な根拠）を元に議論すべきことでしょうが、むしろ母乳には子宮内膜症の発症を予防する可能性もありそうです。

少なくとも過去において母乳は優れた栄養源であり、子宮内膜症のリスクをあげるようなことはなかったことが証明された、と私は判断しています。

サルの実験を行ったライアーに学会で会ったとき、乳児期のダイオキシン被曝は子宮内膜症のリスクにならないと思う、と伝えたのです。

生徒　ヒトとサルを同じ尺度で考えていいか、という疑問も残りますが、彼女の反応はどうでしたか。

堤　彼女はにっこり笑って「やはりそうか。胎児期のダイオキシン曝露が問題なので、乳児期は関係ないのだろう」と言っていました。胎児期におけるダイオキシンと子宮内膜症の関係に確信をもち、疑いをもっていないなあと感心しました。

確信も度が過ぎればいけませんが、彼女の場合、自説の証明を目指して、ダイオキシンと免疫機能の関係を調べたり、研究を発展させています。なぜ免疫かと言うと、ダイオキシンは免疫機能に影響を与えうることが分かっており、局所で子宮内膜症が増殖するのは、免疫機能の破綻(はたん)によるという考え方があるからです。

われわれの研究グループでは他にも、五十嵐敏雄医師が子宮内膜にダイオキシン受容体があることや、ダイオキシンに関連する遺伝子の発現が、子宮内膜症の進行と関係するというデータを出しています。ダイオキシン受容体に関しては、さらに面白い発見がありますが、後で触れます。

子宮内膜症が発生し、増殖するメカニズムとして、いま述べたように免疫や局所の炎症が鍵を握っていると考えられ始めています。

大須賀穣医師、甲賀かをり医師のチームは、マウスの子宮内膜症実験モデルを作成したり、サイトカインという炎症関連物質が子宮内膜の増殖、分化に関与するばかりか、子宮内膜症の成り立ちにも関係していることを明らかにしています（巻末に業績の一覧表を付しました）。

しかしながら、ヒトの子宮内膜症がなぜできるか、その原因ですら明確になっていませんし、ダイオキシンと子宮内膜症の因果関係に結論は出ていないのが現状です。

生徒　いろいろな研究がされて、意見が分かれているのですね。

堤　子宮内膜症とダイオキシンの関係に限りませんが、危機感をもって環境ホルモンを研究する人たちの多くは、環境ホルモンの影響は「黒」と信じ込むとまでは言わなくとも、強く疑っていると思います。一方それを否定する人たちは、たとえ同じデータでも「白」と見える傾向があるように思われます。

最近出たイタリアのセベソからの報告を紹介しましょう。

セベソは環境ホルモンに関連した書物や報道でよく出てくるので、ご承知かもしれませんが、まず少し説明させてください。一九七六年にイタリア北部ミラノから程遠からぬ都市・セベソの農薬工場で起きた爆発事故では、風下の広範囲な居住地区にダイオキシン類が飛散し、家畜の大量死や、ダイオキシン被曝によるクロールアクネ（第一章のユーシェンコ氏に見られた皮膚炎）や被曝に関係すると思われるガンの発症が認められました。

高濃度の汚染を受けた地域の人々は強制退去させられ、汚染土壌の上には広範囲に盛り土がされ、さながら現代の環境汚染を象徴するピラミッドのように小高くそびえています。そのピラミッドの地底奥深くには、汚染をチェックする監視施設があります。

国立環境研究所の遠山千春先生の組織する日伊共同研究で現地を訪れ、ミラノ大学モカレッリ教授や多くの研究者と意見交換する等の機会を得ました。特別に許可を得て、地下の監視施設の内部を視察しましたが、環境汚染を象徴する人類の負の遺産の一つと言えるかもしれません。

モカレッリ教授たちは、ダイオキシンに汚染した住民のダイオキシン濃度測定や、長年にわたる住民の健康を調査しています。様々なレポートがセベソからなされています。ここでは、最近報告された、ダイオキシン汚染の度合いと子宮内膜症の発生頻度を見ましょう。

表3―1に示しましたが、同一地域の方を汚染の多い／中くらい／少ないで分けると、汚染の少なかった人に比べて、汚染の多かった人に、約二倍の頻度で子宮内膜症がみつかります。どう思いますか。

表3-1　セベソ住民のダイオキシン負荷量と子宮内膜症発現頻度

TCDD体内負荷量（pg/g）	＜20.0	20.1－100	100＜
頻度	1.7%	2.7%	4.6%
相対危険度	1	1.6（0.4－5.9）	2.8（0.7－10.3）

セベソ地域住民の体内に含まれるダイオキシン量と、子宮内膜症の発現割合。モカレッリ教授らの2002年の報告による。ダイオキシン（TCDD）体内負荷量が増加するにつれ、子宮内膜症頻度の上昇も認められるが、症例数が少ないなど、統計的にダイオキシン汚染と子宮内膜症の関連を証明するものとは言えない。相対危険度の括弧内数値は可能性として評価される最低値・最高値を示す。

生徒　子宮内膜症との関係は明らかに「黒」ということではないのですか。

堤　いいえ、統計的に見ると、確実に増えたとは言えないのです。自然界に起こることは、偶然に左右されることも少なくありません。

汚染の度合いの高い人にたまたま子宮内膜症の人が多いのか、ダイオキシンの影響で増えているのか、偶然性を排除して、確実に黒とは断定できないレベルであると言ってもいいでしょう。

あるいは、仮にダイオキシンが影響を与えるとしても、この程度の汚染ではごくわずかな変化しか生じないので、統計的には影響は認められないといったところでしょう。統計学で確認できないこのデータで黒と言えば、科学者としては、信頼を失います。

このデータを見て、前から白、つまりダイオキシンと子宮内膜症は関係ないだろうと思っていた人々は、「やはり白だった」と言う。科学的に証明できないのですから、たしかに有罪とは言えません。

ただし、黒だと思っていた人が、「セベソの報告は症例数が少ないのではっきり黒とは言えないが、汚染の度合いによって増加傾向が認められ、やはりあやしいという考えは捨てられない」と考えてもいいでしょう。

先日（二〇〇四年十二月）環境省のシンポジウムで名古屋に来ていたモカレッリ教授に訊いても、検査方法の精度を上げるなどすれば黒と言えるかもしれないが、このデータでは結論が出せなかった、と言っていました。

生徒 先生はどちらの立場に立っているのですか。

堤 いままでお話しした内容から分かっていただけるかと思いますが、「灰色」です。

少なくとも、ダイオキシンを含めた環境ホルモンと発生原因のよく分かっていない子宮内膜症の関係を研究することは、子宮内膜症を理解し、延いては診断や治療にフィードバックできることで、環境生殖学の重要な課題の一つです。

一つだけはっきり言っておきたいことがあります。ダイオキシンとの関係はどうであれ、子宮内膜症と卵巣ガンは増えている、このことを事実としてはっきり申し上げたいのです。

子宮内膜症から卵巣ガンが発生する可能性もあります。少なくとも子宮内膜症の患者さんを拝見していると、後年卵巣ガンになられる方は一％以上いらっしゃる。最近、浜松医科大学の小林博先生は、静岡県の長年にわたる大量の調査をまとめて、一・七％という数字を出しています。

また近年増加している卵巣ガンのタイプは、ＤＥＳ（ジエチルスチルベステロールという女性ホルモン）を服用した妊婦さんから生まれた子どものガンと同じタイプであること、これも気がかりです。

決して不安を煽るつもりはありません。ただ、子宮内膜症の患者さんが月経痛等を生理的なもの・仕方のないものと我慢して、病医院を受診されないのは困ります。

とくに子宮内膜症と診断されたことのある方は、定期的に診療を受けて下さい。小林先生のデータでは、四〇代以降、痛みなどの子宮内膜症症状が軽くなってからガンができてくることが多いということです。油断は禁物です。検診が重い病気を防ぎます。

生徒　エストロゲン依存性疾患の話題から、子宮内膜症のお話に熱が入りましたが、他の病気についてはどうなのでしょうか。

堤　そうですね。いままで触れませんでしたが、子宮内膜増殖症という病気があります。

生徒　子宮内膜症とは違うのですね。

堤　はい。子宮の内側にある内膜はエストロゲンで調整されていますが、その内膜が厚くなって出血したり、場合によって悪性化して子宮内膜ガンになる病気です。

　単純型と複雑型があり、複雑型がよりガンに近く、「前ガン状態」と言っていいと思います。エストロゲンが過剰にあるとなりやすいことが分かっていて、エストロゲン依存性疾患の一つです。

生徒　環境ホルモンとはどんな関係がありますか。

堤　いままであまり注目されていませんでした。そこで教室の廣井久彦医師が中心になって、エストロゲン作用があるビスフェノールＡの高い人は、子宮内膜増殖症になりやすいのではないか、という発想で調査をしてみました。その結果が図３―６です。

血液中のビスフェノールＡを見ると、増殖症ではない方と比較しても、単純型の患者さんの血中濃度に差はありません。

ところが予想に反して、血中濃度がおそらく高いのでは、と思った複雑型の人の方がむしろ低かったのです。さらに子宮内膜ガンの患者さんの場合も、複雑型の人と同様血中濃度は低いことが分かりました。

生徒　ビスフェノールＡのエストロゲン作用で悪性変化が出るかと思ったら、逆の結果が出てしまったということですね。先生は、その結果をどう解釈なさるのですか。

堤　難しい推理の問題です。濃度が低いことは「原因なのか、結果なのか」ということから考えてみました。

低いことが原因でガン化の方向に進むとした場合、ビスフェノールＡが働いた方がガンにならないという意味ですから、ビスフェノールＡの抗エスト

図3-6　子宮内膜増殖症の不思議

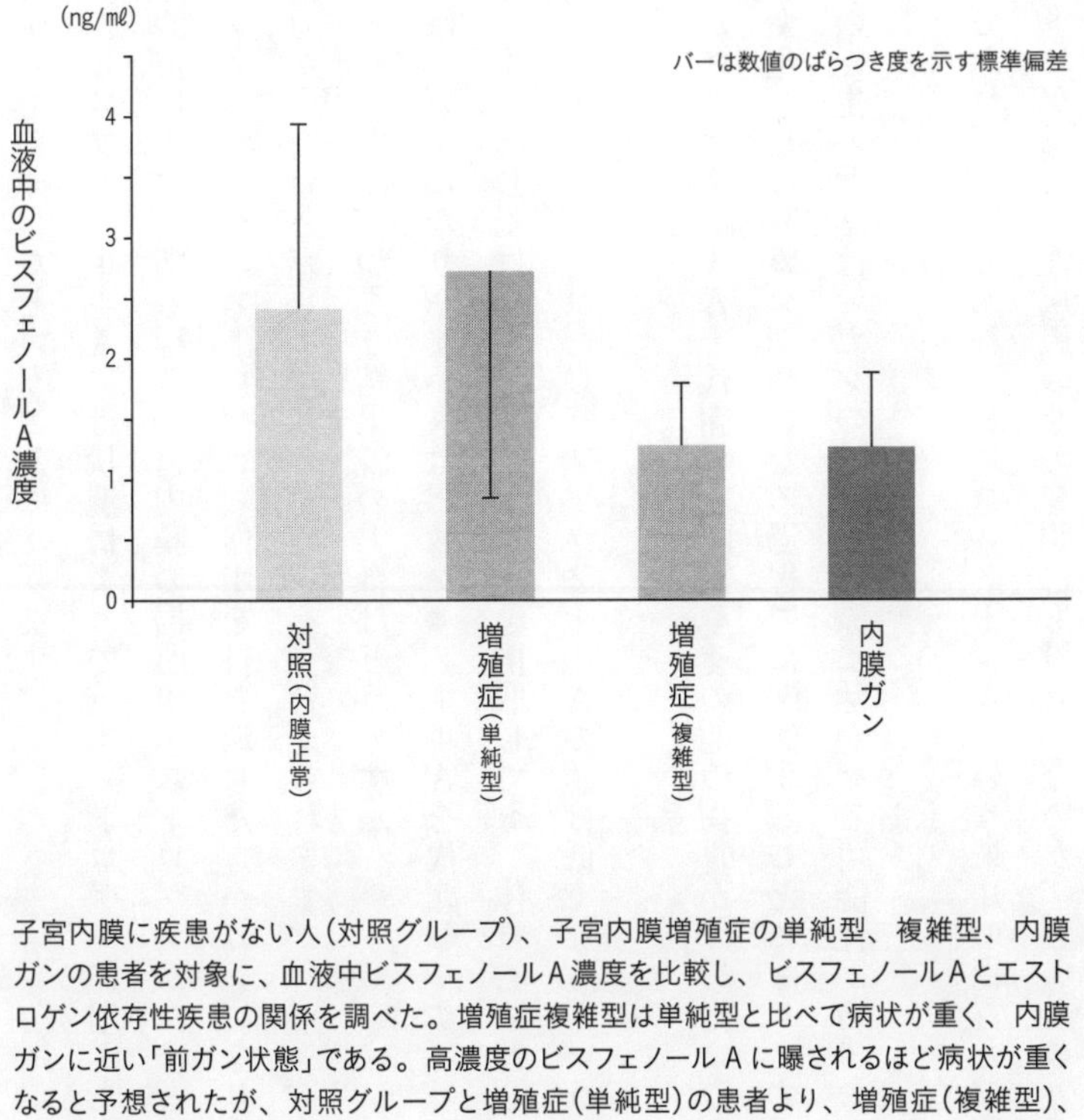

子宮内膜に疾患がない人(対照グループ)、子宮内膜増殖症の単純型、複雑型、内膜ガンの患者を対象に、血液中ビスフェノールA濃度を比較し、ビスフェノールAとエストロゲン依存性疾患の関係を調べた。増殖症複雑型は単純型と比べて病状が重く、内膜ガンに近い「前ガン状態」である。高濃度のビスフェノールAに曝されるほど病状が重くなると予想されたが、対照グループと増殖症(単純型)の患者より、増殖症(複雑型)、内膜ガン患者の方がビスフェノールAの数値が低い傾向が見られた。著者らの2004年の報告による。

ロゲン作用が力を発揮したということになります。

たしかに、ビスフェノールAには状況によって抗エストロゲン作用があることは分かっています。ある程度子宮内膜の局所でエストロゲンが働くときに、ビスフェノールAがエストロゲンの作用を打ち消した方がガンになりにくい、その力が少ないとガンになりやすい、そう考えられます。

生徒　もう一つの仮説、つまり結果説の場合はどうですか。

堤　これは、ガンになりやすい人はビスフェノールAを代謝しやすい、という考え方です。同じだけビスフェノールAを摂取しても、体質的に普通の人より代謝が早ければ、それだけビスフェノールAの値は低くなるというわけです。

その場合ビスフェノールAを代謝する酵素やその他の物質がガン化（つまり、細胞に変化が起こりガン細胞になる過程）に関係することになります。

生徒　いまの先生のお話は、ガンの診断や治療に活かせる可能性があるのですか。

堤　原因であれ、結果であれ、ビスフェノールAという未知の物質との遭遇が、エストロゲン依存性疾患の原因究明にも役立たないか、ということが一点。教室の竹内亨医師がこの問題にとりくんでいます。ビスフェノールAを測定して診断や病気の予知に役立てる手もあります。

さらにビスフェノールAの濃度が低いのが、子宮内膜症などのエストロゲン依存性疾患の原因であれば、高くしてあげることが治療につながる可能性も出てきます。「毒かと思ったら意外に薬であった」ということかもしれませんし、「災いを転じて福となす」きっかけにもなります。

生徒　大変前向きな考えですね。

堤　もともと薬は諸刃の剣という性格があります。薬だと思ったら毒であったり、環境ホルモンであったりということがありうるなら、逆に環境ホルモンが薬になってもいいでしょう。ピンチは切り抜ければチャンスにもなります。

エストロゲン依存性疾患の例を述べましたが、更年期ではエストロゲンが欠乏して、様々な症状を起こします。その治療に様々なエストロゲン製剤やエストロゲンのもつ様々な役割の一部を果たす薬が開発され使用されています。

瓢箪から駒ではありませんが、環境ホルモンの研究がそれらにとって代わ

❼ **ダイオキシン**(TCDD)

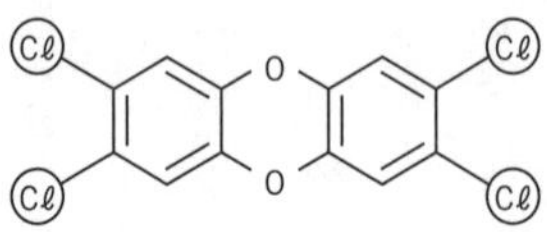

❽ **DDT**

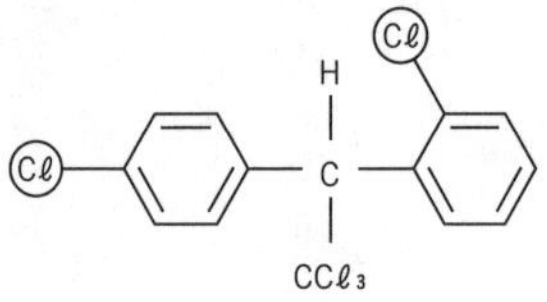

❾ **PCB**

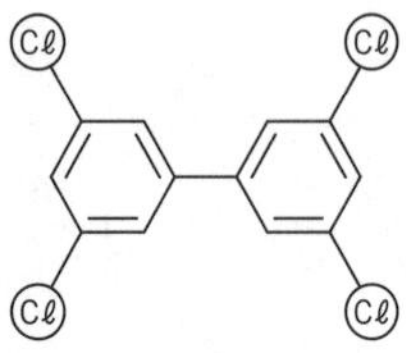

エストロゲンと環境ホルモン作用をもつと考えられる主な物質の構造を示した。骨組みは炭素からできている。①エストラジオールはエストロゲンの代表でOH(酸素原子に水素原子が結合したもの) が2個ついている。②エチニルエストラジオールはエストラジオールにエチニル基をつけたもので、ピルの主成分。③ゲネステインは構造がエストロゲンに類似するが、植物が作り出す物質で植物エストロゲンと呼ばれる。④ビスフェノール A。⑤ノニルフェノール。⑥DESは強力なエストロゲン製剤として開発されたが、次世代影響のため、ホンバンとして前立腺ガンにのみ使用される。⑦ダイオキシンは類似した同位体が多数あるが、塩素が4個結合した毒性の強いものを示した。⑧DDTは農薬として世界中でよく用いられた。昆虫のみならず、ヒトに対しても毒性が高い。⑨PCBポリ塩化ビフェニールは電気の絶縁体などにひろく用いられた。⑦～⑨は炭素に塩素が結合(有機塩素)しているのが特徴で、生体が代謝できず、残留性・蓄積性が高い。エストラジオールはもちろんダイオキシン以外の上記環境ホルモンはエストロゲン受容体に結合する。

図3-7　環境ホルモンの比較

❶ エストラジオール

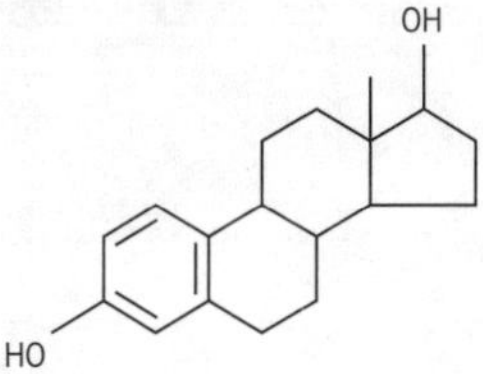

❹ ビスフェノールA

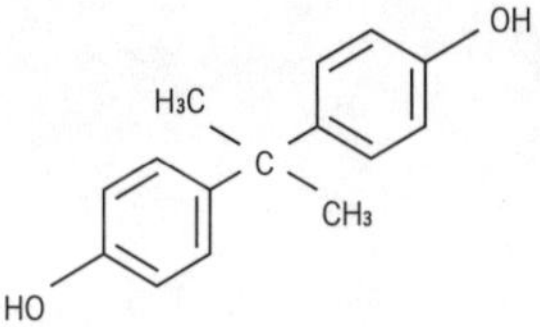

❷ エチニルエストラジオール（ピルの主成分）

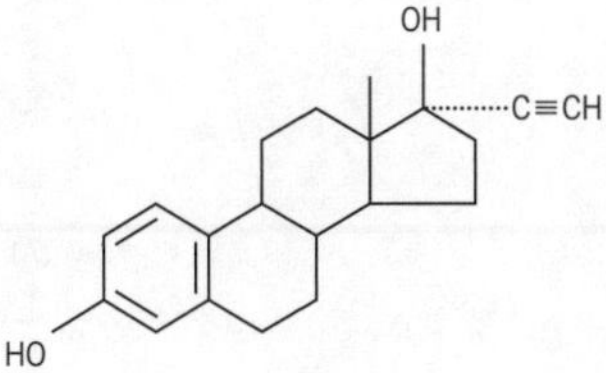

❺ ノニルフェノール

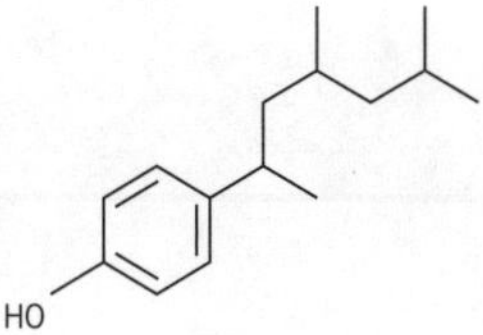

❸ ゲネステイン（植物エストロゲン）

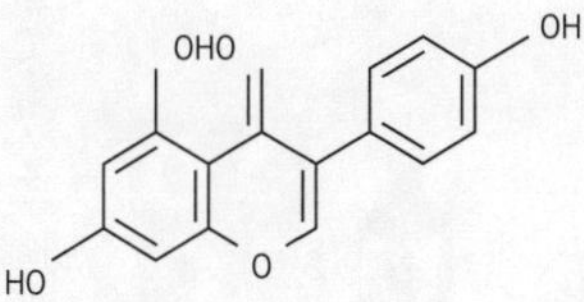

❻ DES（ホンバン）

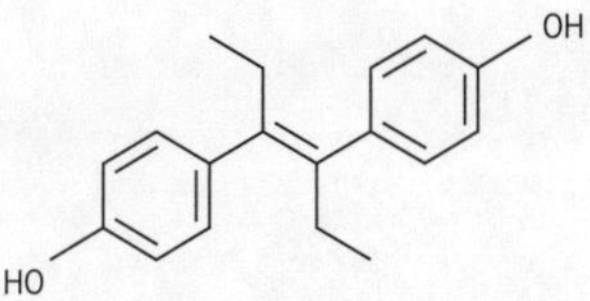

る「薬」の開発に役立つかもしれません。このことは、第六章でもう一度考えましょう。

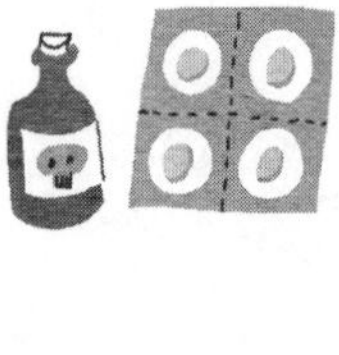

第四章　次世代への影響

DESから学ぶ

堤　前の二章で、精子・卵子・胎児が環境ホルモンに汚染されていることを見てきました。その汚染が次世代の子どもたちに何らかの影響を与えうるのか、あるいは与えているのか、人類の未来にとって大きな問題です。胎児が化学物質に感受性が高いこと、言い換えれば、成人より影響を受けやすいこと、これは過去の事例でも明らかです。

母体の健康には影響が出ないか、わずかな影響にとどまるような低用量の摂取であるにもかかわらず、DES胎児被曝によるガンや性器奇形の発生、胎児性水俣病の発症、サリドマイド禍など、多数の痛ましい前例があります。

産婦人科の世界ではいまや、胎児期の母体環境や発育状況が、成人後に発症する高血圧や心臓病といった成人病に関係することが大きな話題で、盛んな研究対象になっています。

この章では、環境ホルモンに関して、受精からスタートして、胎児の性の決定や分化や発育、生後の神経発達、成人にいたってからの発ガンまで、広い範囲で見ていきましょう。

生徒　DESという薬のことが何度か出てきましたが、もう少し詳しく説明してください。

堤　DES（ジエチルスチルベステロールという合成女性ホルモン剤）は強いエストロゲン作用があり、一九四〇年代から一九七一年頃までアメリカでは流産防止剤などとして使われてきました。

若い女性にめったにできない膣（ちつ）の明細胞ガン（細胞質が明るくクリアに見えるタイプで、膣や卵巣のガンの一部を占める）をみた産婦人科医が、不審に思って病歴を調べ、患者の母親が妊娠中に流産予防薬としてDESを投与されていたことをつきとめました。

こうして発ガン性が明らかになったDESは直ちに使用禁止になり、胎児期に被曝した子どもたちの経過が観察されました。

DESの次世代での発ガン性は動物実験でも確認されましたが、そこには日本の横浜市立大学理学部の高杉暹（のぼる）教授をはじめとする研究者たちの大きな貢献があったことも忘れてはなりません。

生徒　日本の研究者が環境ホルモン研究で活躍しているとおっしゃりたいのですね。

堤　環境ホルモンの研究はアメリカやヨーロッパでも盛んですが、日本の研究レベルももともと高く、優れた研究成果が認められています。

プロ野球に比較するのも語弊がありますが、日本で頑張れば、メジャーリーグにいかなくても世界をリードする仕事はできますし、実際数々の業績が積み重ねられてきました。

ＤＥＳの仕事には続きがあり、女の子では膣ガンだけでなく卵巣ガンや性分化の異常が起こることも報告されました。男の子の精巣ガン、尿道下裂(かれつ)等の性分化異常も多いと言われていますが、これには異論を唱える人もいます。

さらに注目すべきことは、ＤＥＳが使用されて年月が経ち、すでに服用した女性の孫の代になっているのに、若い子どもには稀な卵巣ガンがみられたという報告が最近ありました。「親の因果」という言葉はありますが、「祖母の因果」となると一層深刻です。

生徒　なぜそんなことが起こりうるのですか。

堤　まだ三代目までの因果関係が確定したわけではありませんが、あるとしたら、発ガンのメカニズムが問題になります。

ガンを発症するプロセスには、発ガンを促す遺伝子が働く場合と、発ガンを抑える遺伝子がうまく働かない場合があります。胎児期のDES被曝の場合、発ガンを促す遺伝子が働き続けられるようになってしまい、その性質が遺伝している可能性が考えられます。

あるいは、ガンの発生を防ぐガン抑制遺伝子の働きが低下し、それが世代を超えて孫子の代まで続くということでしょう。もうDESは使われなくなりましたから、新たな患者さんは発生しませんが、人類への教訓としてきちんと見守る必要はあります。

生徒　DESの研究がガン発生の解明に役立つという考えですね。

堤　はい。そうです。環境ホルモンの研究を前向きにとらえている方がDESのことを取り上げると、過去の物質、しかもすでに使用禁止となって解決のついた話を蒸し返し、人心を「攪乱（かくらん）」すると批判される環境ホルモン研究評論家の方々もいます。

私はそのご批判に対しては、被害にあわれた方、これからの人類のために、

ＤＥＳにはまだ学ぶべきことが多い、とあえて反論しておきたいと思います。世代を超えた働きがあるとすれば、過去の問題ではなく、いまここで解決しなくてはなりません。

さてここで、新しい生命の根元に立ち戻りましょう。卵管で精子と卵子が出会い、受精が起こり、受精卵になりました。胚とも呼ばれます。

胚は卵割という細胞分裂を繰り返して二細胞期胚［図4―1左］・四細胞期・八細胞期［図4―1中］と発育します。透明帯という、言わば卵のカラの中にあって、胚の大きさには変化がなく、一個一個の細胞が小粒になり桑実胚というステージになります。

そこで大きな変化が起こります。胚盤胞という胚になる部分と、胎盤になる部分が明らかに分かれ、内部に腔隙も生じます［図4―1右］。

生徒　専門的なお話ですが興味があります。不妊症の治療で体外受精を行うときは、この過程を顕微鏡で観察するんですね。

体外受精では、よい卵子をできるだけ多く取り出して受精させ、よく育った胚を選んで子宮に戻すと伺いました。

堤　そうなのです。どうしたら胚が体内、つまり卵管や子宮の中と同じよ

図4-1　胚の発育過程

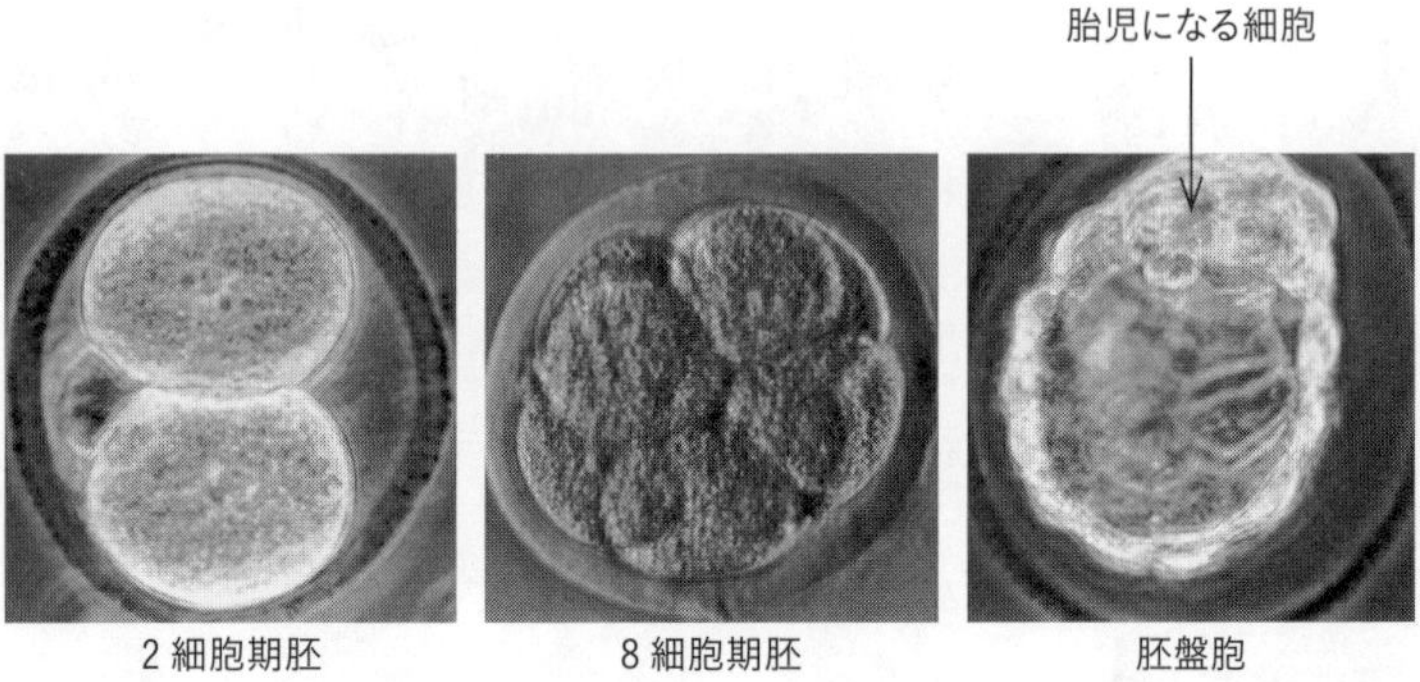

精子と卵子は卵管の中で出会い、受精して受精卵(胚)になる。胚は「卵割」という細胞分裂をくり返し、2 細胞期、4 細胞期、8 細胞期を経て、受精から 3 日で桑実胚(分裂をくり返し、1個1個の細胞が小粒になった状態)になる。その後、4日目に胚になる部分(胎児の細胞になる。胚盤胞の上部にあるかたまりを指す) と胎盤になる部分が分かれ、中央部に隙間ができる。この状態を胚盤胞という。受精から5日後、子宮内膜に着床し、妊娠が成立する。写真はマウス胚。ヒトでも同様の経過をとるが、着床までの日数は 1〜2 日遅れる。

うに体外でよく育つか、というのが体外受精成功の大きなポイントです。

生徒　待ってください。体内で胚が発育するときは母体から栄養をもらっているのでしょうが、母体の中にある環境ホルモンは胚の発育に影響しないのですか。

堤　いい質問です。少し説明を加えます。体の中では卵管や子宮の細胞が分泌する液で育てられますが、たしかに微量の環境ホルモンが含まれます。それに対して、体外では培養液といって、色々な物質を調合した液を試験管ないし皿（シャーレ）に満たし、その中で胚を育てます。よく育つように液の組成を工夫しますが、もちろん、普通環境ホルモンは加えません。しかしこの中に環境ホルモンを加えたらどうなるか、環境ホルモンは微量でも胚の発育に影響を与えるのか、という疑問がわきました。

生徒　疑問がわいたら、早速、実験したのですね。

堤　はい。いわゆる環境ホルモンといわれるものをマウスの胚を用いていろいろ調べました。ビスフェノールAの成績を、図4―2でお示しします。左端はビスフェノールAを加えない対照群です。育てた胚の六〇％くらいが試験管の中で胚盤胞に成長します。左から右にビスフェノールAを加える

図4-2　胚発育率の不思議

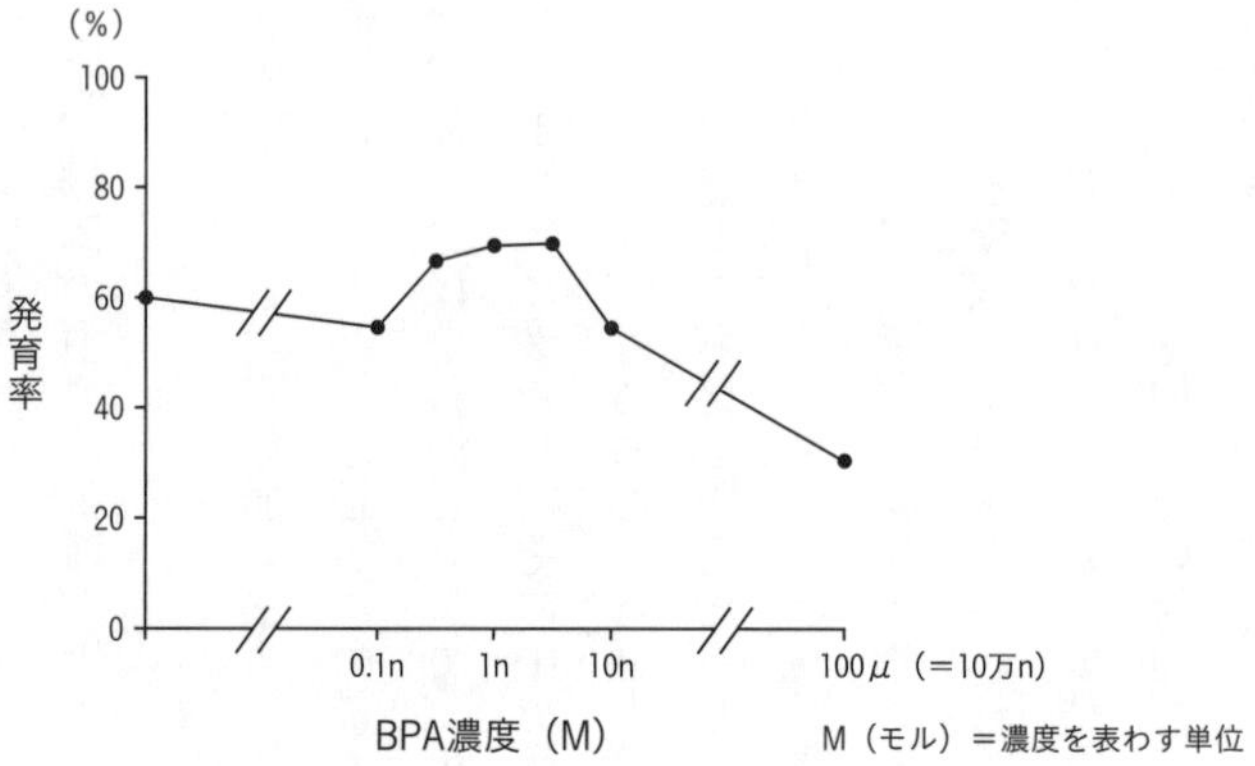

0.1ナノモル〜100マイクロモル（=10万ナノモル）までの、濃度の異なるビスフェノールAを加え、マウスの2細胞期胚が胚盤胞まで発育する割合を調べた。左端がビスフェノールAを投与していない対照群で、約60%の胚が胚盤胞に発育している。グラフ右の100マイクロモルを添加した群では、発育率が対照群の半分まで下がり、高濃度のビスフェノールAが胚発育を抑制することが認められる。一方、グラフ中央の低濃度（約1〜3ナノモル）を添加した群では発育率の上昇が見られる。微量のビスフェノールAには胚発育を促進する作用があると考えられるが、この量は図3-2（p.113）の母体や胎児の血液、卵胞液に含まれるビスフェノールA濃度とほぼ同程度である。著者らの2000年の報告による。

濃度を高くしていきます。

まず目につくのは、右の方の高い濃度一〇〇マイクロで発育率が低下していることです。約三〇％ですから何も加えない対照群より半分に低下して、悪影響が出ていることが分かります。

この現象は、ビスフェノールAが化学物質であり、一定の濃度に達すれば毒性を現し、胚の発育を抑えるのだと解釈されます。

ところが、低い濃度のところを見てください。1nで示したナノのレベル、つまり環境中に存在する程度の低い濃度のところでは、対照群、すなわち何も加えなかったグループより発育率がよくなっているのです。

この濃度は丁度、われわれの血液や卵胞液に含まれるビスフェノールAの濃度に相当するものです。

生徒　微量のビスフェノールAを体外受精のときに使えば発育率がよくなり、成功率も上がるということですか。

堤　発育促進効果があると言っても、その後にどのような影響が出るかは、まだまだわからない部分が多すぎます。DESのように、生まれてから何らかの影響を起こされてはかないませんので、早計なことは言えません。

しかし、胚を育てる特効薬になるかどうかは別として、環境中に存在するレベルの濃度でビスフェノールAが胚には作用しうる、このことは新たな知見です。一〇〇マイクロという濃度は胚が発育するにはハンデになるというデータも示しました。しかし、藤原敏博医師、藤本晃久医師が担当した精子の運動率や受精率の実験からは一〇〇マイクロという濃度でも影響を与えないことが分かりました。同じ濃度でも発育段階によっては、影響がでる場合とでない場合がある。感受性は発育の時期により異なるということでもあります。さらに奥の深いデータもあるので後で触れることにして、ここではこれまでにしておきましょう。

環境と性比

堤　産婦人科の外来をしていると、男女生み分けのことを聞かれることがあります。子どもは授かるもので、人為的に何かすべきとは思いません。祈

ったただけで五〇％は成功しますが、それ以上は望まない方がいいですよ、とお答えします。

生徒　男か女は半分ずつですから、五〇％成功するということはあたりまえですね。

堤　そのあたりまえのことに疑問が投げかけられています。イタリア・セベソのダイオキシン被害の調査を行っているモカレッリ教授が、『ランセット』という雑誌に出されたデータです。

性比は男の子の数を女の子の数で割ったものですが、女の子の人数を一〇〇としたときの男の子の人数として表すこともあります（つまり、男女同数なら一〇〇だし、男子が一四〇人に対し女子が一六〇人なら、八七・五になる）。セベソの住民のダイオキシンを測定して、その人々の子どもの性別、つまり性比を調査しました。

その結果、被曝量が多い男性住民の場合に性比が低くなる、つまり男の子が非常に少ないことが報告されました。生まれる子どもは女の子が多くなると言うのです［表4―1］。

母親つまり女性の被曝量も調べていますが、母親の被曝量と性比の変化は

表4-1　ダイオキシン被曝住民から生まれた子どもの性比

	ダイオキシン被曝		子どもの数			
	父	母	男子	女子	計	性比
A	無	無	31	20	51	155
B	有	有	96	121	217	79.3*
C	有	無	81	105	186	77.1*
D	無	有	120	100	220	120
	合計		328	346	674	94.8　（人）

被曝無はダイオキシン濃度が15ピコグラム以下、被曝有は15ピコグラムを超えるものを指す。

なお、*は統計学的にも意味のある差があることを示す。

モカレッリ教授らはセベソ住民の血液中ダイオキシンを測定し、住民から生まれた子どもの性比（女性人口を100人としたときの男性人口）を調査した。その結果、被曝量の多い男性住民の子ども（B群、C群）に性比の低下（つまり男児の生まれる割合が低くなる）が見られた。男性の被曝量が増えるにつれ、また20歳未満で被曝したケースにおいて、その傾向が一層強まることも明らかになった。一方、女性の被曝による性比への影響は見られない。2000年の報告による。

関係ない、ということも明らかにしました。

生徒　どうしてそんなことが起こるのですか。

堤　正直に言って私には分かりません。性比の変化が生じた可能性を検討すると、まず精子ができて受精するところです。

第二章でお話ししたように、精子はX染色体とY染色体を持っていますが、そのどちらが卵子と受精するかによって、それぞれ女になるか男になります。X染色体の精子が卵子と受精すれば胚は女に、Y染色体の精子が卵子と受精すれば胚は男に発達します。

ダイオキシンの汚染は精子に及んでいるので、その結果何らかの影響が出て、X染色体をもつ精子が優位となり、女の子どもが多くなると考えられなくもありません。

父親の曝露量が問題で、母親の曝露量にはよらないというのもその考えに合致します。しかし根拠があるわけではなく、いま無理やり考えた仮説です。つい最近、精子のX染色体をもつものとY染色体をもつものの割合を調べた報告が出ました。それによると、有機塩素の被曝量によって、Y染色体の方が増えたと言います。環境ホルモンによって、X、Yの比率が変わりうることを示していますが、Ｙが増えているので、ダイオキシンで性比が下がるのとは逆のデータとも言えます。

生徒　めずらしく自信なさそうですね。その他の可能性はいかがでしょうか。

堤　受精した時点では、男女五分五分でも、その後男の子が流産・死産にあうことが多く、結果として女の子の比率が高くなるという可能性も考えました。

生徒　そうだとしたら、なぜ男の子ばかりが不運にあうのですか。根拠があるのでしょうか。

堤　男性のダイオキシン曝露によって、次世代の男の子が少なくなるというデータをどう受け止めたらいいか。何か糸口はないかと真剣に思案しているので、あまり責めないで下さい。

この報告自体についても、まだいろいろな意見があるところですが、性比については、世界共通の傾向があるのも事実です。男の子の割合が下がっているのです。これは欧米諸国、日本を含めていろいろな国で共通しているし、ほとんど時を同じくして観察されています。

図４―３は一九四〇年代からの日本の性比の年次変化を示したものです。

図4-3　性比の上昇と下降

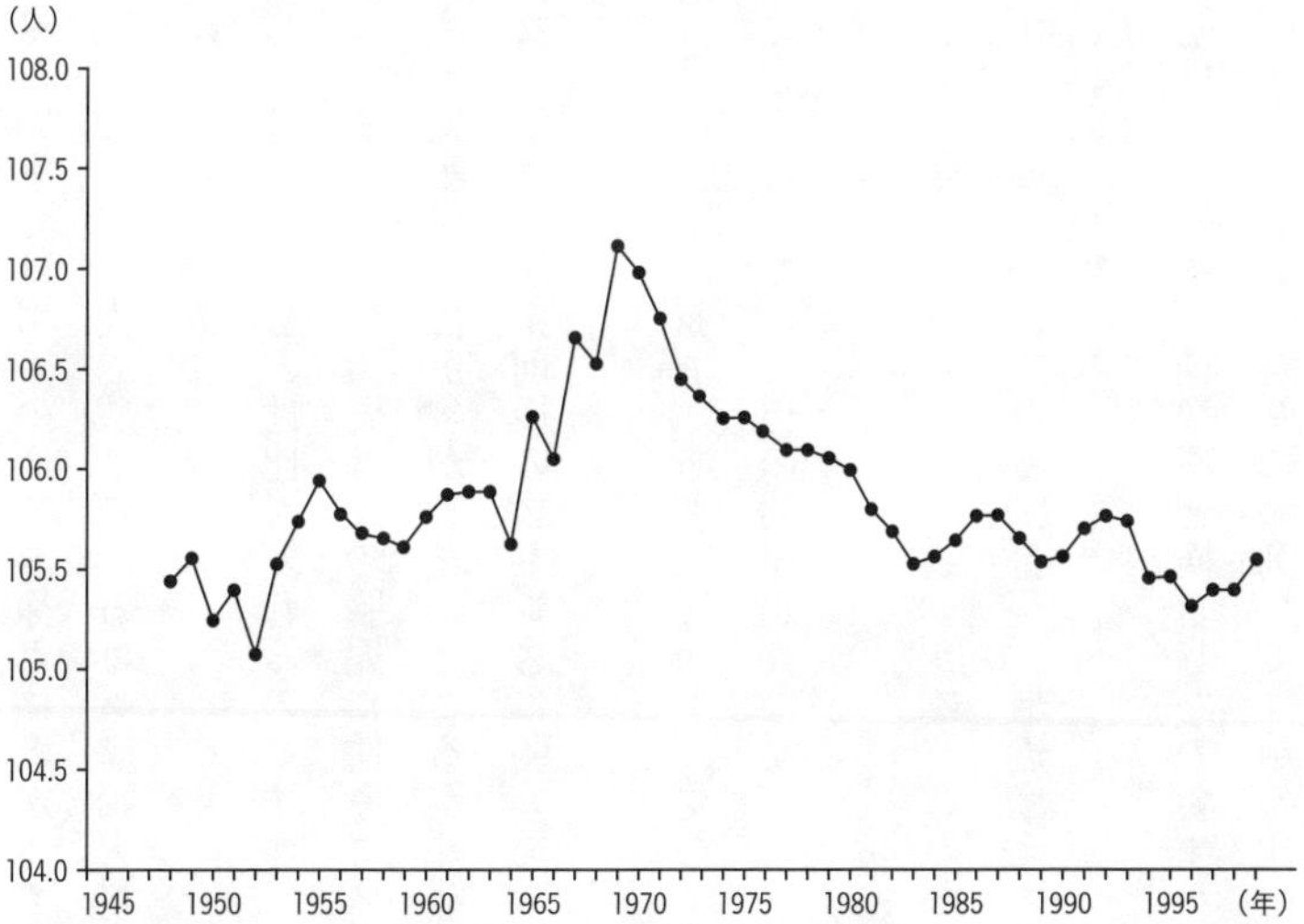

1940年代後半以降の日本における出生児の性比。性比とは女性人口を100人としたときの男性人口を指す。もともと受精の段階では、わずかながら男児が多く発生するようにできているが、その一方、男児は相対的に女児に比べてストレスに弱いことから流・死産しやすい。1960年から1970年にかけて性比が上がっているが、これは医学の進歩により、男児が流・死産を免れ、出生できる割合が高まったことによる。性比はこのまま一定の数値を保つと考えられたが、1970年中頃から現在まで下がり続けている。この現象は文明社会共通のもので、男児の死産率が高まっていることによる。性比下降の原因は明らかになっていないが、環境ホルモンの影響とも言われる。

一九七〇年ぐらいまでは男子の比率が徐々に上がってきました。私が医学部の学生だったのは七〇年代で、そのころは、産婦人科学や公衆衛生学の進歩で性比が上がったと教わりました。

生徒 どうして医学が進むと性比が変わるのですか。

堤 それはですね、男の胎児は女の胎児に比べてストレスに弱く、以前は男の子の流産・死産の割合が多かった。ところが妊婦さんの管理がよくなり、相対的には女の子より出生前後のストレスに弱い男の子を救えるようになった。

その結果、男の胎児が前よりあまり死なずにすむようになり、結果として以前は数多く亡くなっていた男の胎児が死なず、産まれる割合が高くなってきたと説明されます。

ところが、図を見てもらえばわかるように、このところ性比は逆に下がってきています。男の子の亡くなる割合が、最近増えてきていることによりますが、その原因は不明です。

ただし、徳島大学の関沢純教授と検討したのですが、セベソのデータから計算して、ダイオキシンの濃度に比例して人類の性比が変わるとすると、セベソに比べればわずかではありますが、現代人一般がダイオキシンに汚染している事実から、いま問題になっている性比の変化を説明することは可能かもしれません。

キレる子ども

堤　環境ホルモンの次世代への影響を考えてきました。環境ホルモンと、次世代の子どもにガン、尿道下裂を含めた分化の異常が起きていること、また、前の章の話を含めれば精子の減少、子宮内膜症の増加等との関係についても話してきました。

また別の注目すべき研究がありますので、ご紹介しましょう。胎児期にPCBに曝（さら）されると、子どもの知能の発達に悪影響を与えることが調査結果から分かってきているのです。

それは、北米の五大湖周辺に住み、これらの湖の魚を多く食べた妊婦さんから生まれた子どもを、長年にわたって調べ続けた研究者の報告で、信頼性が高いものです。

この研究を行ったジェイコブソンらの研究手法はコホート研究と言って、二つのグループに分けて検討するもので、胎児期に高いＰＣＢ曝露(ばくろ)を受けたグループと受けていないグループの、神経発達を比較しながら、追跡調査したものです。新生児期、乳児期、入学前、入学後と年代を追って調査した成績を、一九九〇年から二〇〇三年まで、論文として発表しました。

彼らの成績から、胎児期に母体を通じて、ある程度高いＰＣＢに被曝した場合、精神神経発達に悪影響が及ぼされることは明らかです。

母親側には健康に影響を与えない低レベルの汚染が、次世代にＩＱ（知能発達の程度を測る指標）の低下という目に見える形の異常を発現させることは、環境ホルモンにはある限度を超えた場合、ヒトにおいても次世代影響があることをわれわれに知らせてくれます。

これに対して五大湖の魚は食べないという勧告がなされました。ここで注意しなくてはならないのは、汚染の強い魚を長期にわたって食べることがリスクを上げるのであり、魚全般について不安をもつのは「羹(あつもの)に懲(こ)りて膾(なます)を吹く」ことになります。

魚の汚染度を継続的に監視していくことは大切ですが、不必要に警戒しすぎることはないと思います。日本で水揚げされる魚は、近海、遠洋を含めて、問題のないレベルのようですから。

さて、子どもをもつお母さんにとってより身近な話をしましょう。

生徒　キレる子どものお話ですか。

堤　そうです。私が子どものころ、あるいはあなたやあなたのご姉妹のころもまだそうだったでしょうが、「キレる子ども」という表現は、頭のいい子という意味でほめ言葉でした。意味が変わってきたのは、いつごろからでしょう。

私の息子は一九七七年と八一年生まれですが、彼らが子どものころにはすでに、「キレたら怖い」という意味で使われていました。

注意欠陥多動性障害（ＡＤＨＤ）という病気が注目され、「キレる」ことと関係づけられて語られることが多くなっています。多動症とも呼ばれますが、不注意、衝動性、多動性が特徴で、男の子に多いとされています。

原因は、中枢神経系に何らかの要因による機能不全があると推定されています。平たく言えば、脳のネットワークに障害があるということです。社会的な活動や学業の機能に支障をきたしますが、おおむね七歳以前に現れ、その状態が継続すると言われています。

これに関連して、高機能自閉症も問題になります。これは、三歳くらいまでに現れます。他人との社会的関係の形成の困難さ、言葉の発達の遅れ、興味や関心が狭く特定のものにこだわることを特徴とする行動障害である自閉症のうち、知的発達の遅れを伴わないものと定義され、やはり中枢神経系の機能不全があると推定されています。

もう一つ、学習障害という疾患も存在します。基本的には全般的な知的発達に遅れはないが、聞く、話す、読む、書く、計算する、または推論する能力のうち、特定のものの習得と使用に著しい困難を示す、様々な状態を示すものと定義されます。

学習障害は、視覚障害、聴覚障害、知的障害、情緒障害などの障害が原因ではなく、また、環境的な要因が直接的な原因となるものでもないことが特徴で、やはり、中枢神経系の何らかの機能障害と推定されています。

これらの疾患がキレる子どもの背景にあると考えられます。

生徒　環境ホルモンが問題になりはじめたころから、キレる子どもと環境ホルモンとのあいだに、何か関係があるように言われていたような気がします。すでに定説となったのでしょうか？

堤　一九九〇年代の後半には、「環境ホルモンでキレる」というようなやや乱暴な論評がたしかにありました。環境ホルモン報道や研究そのものを批判的に見る多くの方々から、根拠のない牽強付会（けんきょうふかい）（こじつけ）だとの批判を受けています。

私自身、何でもかんでも環境ホルモンのせいにされては、研究への信頼感が揺らぎかねないと心配しましたし、いまもそう思っています。

生徒　狼少年になりかねないということですね。

堤　それは適切な喩（たと）えかもしれません。しかも、狼が最後にはやって来て少年を襲うところまで含めると、余計意味が深くなります。それはともかく、論より証拠ということで、半信半疑なところもありましたが、われわれのグループもこの問題に取り組んだのです。

生徒　どのように検証したのですか。

堤　精神神経発達は産婦人科医の得意とする領域でありませんので、東大精神神経科の加藤進昌教授と共同で行いました。

実験には、母体にビスフェノールAを投与して生まれたラットを使いました。生後五週くらい、人間で言えば思春期にあたるころの精神神経発達を、「オープンフィールド試験」あるいは「水迷路試験」という実験方法で調べました。

オープンフィールドとは、一定のスペースの中をラットがどのくらい動き回るかを観察して、定量的に評価します。

マウスの母親への投与量が五〇マイクログラムの場合は、投与していない対照（投与していないグループ）と比べて何の変化も認められませんでした。ところが、低レベル投与になると事情が違っていました。ビスフェノールAを〇・一マイクログラム投与して生まれた雄の子は、よく動き回ります。

連日試験すると慣れが生じてきて、動きが鈍るのが常識ですが、対照と比べると、なかなか動き回りが減りません。非常に微量で、いやむしろ微量でのみ、そういった行動の変化が生じることが分かったのです。

胎児期の環境ホルモンの被曝で、生後の神経行動発達に影響が出る可能性があることが分かったと同時に、この研究結果には、もう一つ重要なことが含まれます。分かりますか。

生徒　量の問題でしょうか。量を多く投与したグループでは、変化がなかったのですね。

堤　問題はそこです。比較的大量の投与では、何の影響も観察されませんでしたが、微量、あるいは現在環境中にあるレベルで影響が出たことには注意しなくてはなりません。先にお話ししたPCBでは、量が多くなると影響が現れたのと違って、低用量で作用するということです。

生徒　もう一つ別の方法でも調べたのですね。

堤　モリス水迷路、これはラットにはかわいそうですが、何度かおぼれさせて助かろうとする努力を評価するわけです。学習能力があれば、繰り返すうちに、早く迷路から抜け出すことができるようになります。

この試験でも、対照に比べて、雄の子どもの場合、〇・一マイクログラムの被曝を受けたものは少し学習が遅いことが分かるわけです。不思議だと思っているうちに、他の研究グループからも胎児期の微量のビスフェノールA被曝で、行動の異常が報告されてきたのです。

生徒　なぜそんなことが生じるのでしょう。

堤　われわれの仮説を図4―4でお示ししましょう。

その前に予備知識ですが、血液脳関門という、いわば関所が脳の入り口にあると思って下さい。脳は大事なので、この関所で、血液から神経系が必要な物質だけを取り込み、不要な物質は通さないのです。

ところが、胎児期の血液脳関門は未熟で、ビスフェノールAは通過してしまうことが確かめられています。母体や胎盤が分泌する大量のエストロゲンがあるから、多少のビスフェノールAが胎児の血液に存在しようが、脳関門を通ろうが問題にならないと言う方もおられます。

しかし、エストロゲンは、胎児期には特殊なタンパク質（α―フェトプロテイン）が結合していて、この関門を通れないようにできています。このことを理解していただけば、侮り（あなど）がたい事実だと認識してもらえるでしょう。

さて、図4―4で血液脳関門を通過したビスフェノールAが何をするか、が問題です。

胎児の脳の中では、多数の神経細胞が細胞分裂で生まれて、神経細胞同士がネットワークを形成し、調和がとれた発育をします。その過程に耳慣れない言葉ですみませんが、アポトーシスと呼ばれる現象が働きます。

図4-4　環境ホルモンとADHD

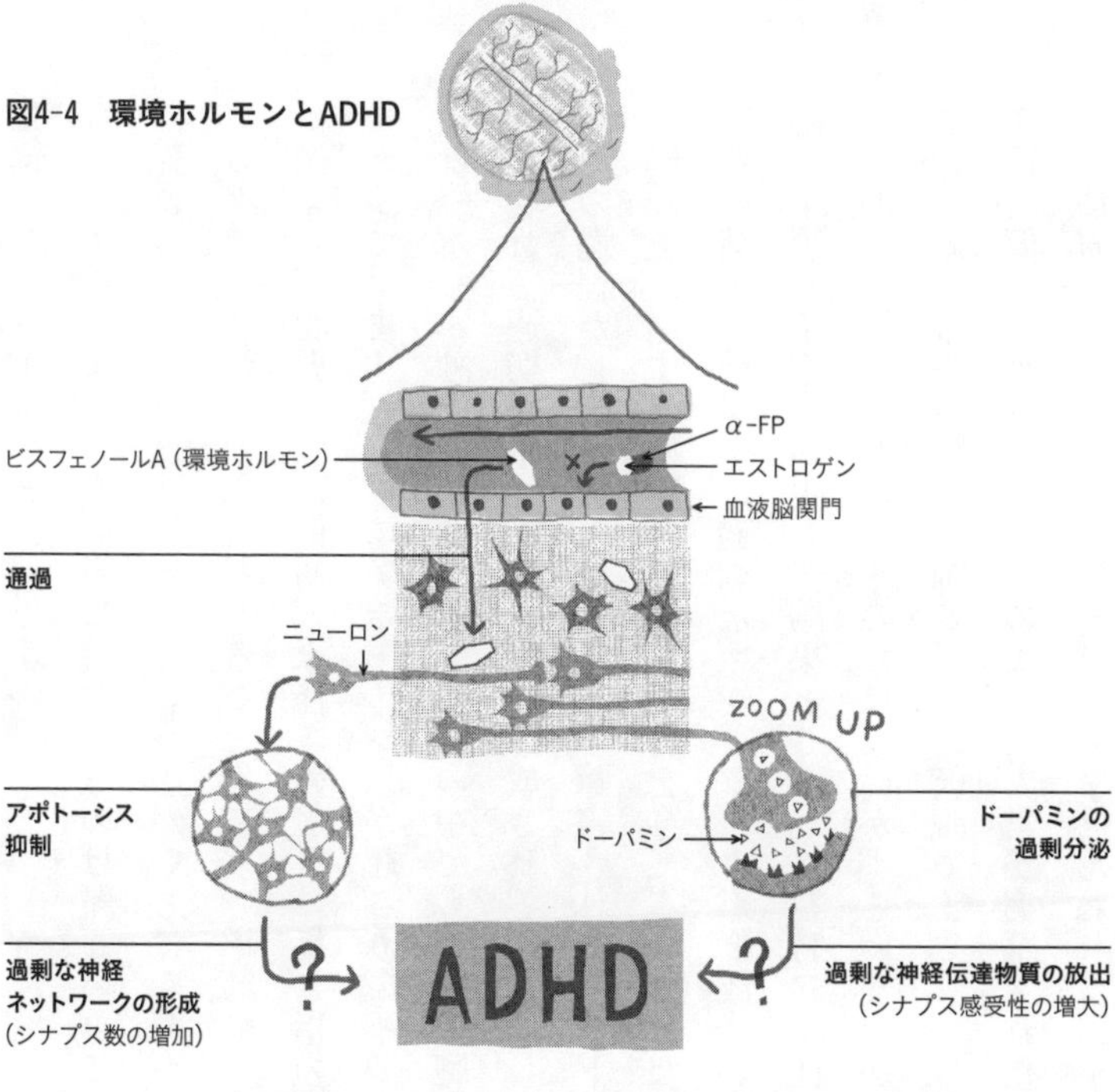

脳内血管と脳の間には「血液脳関門」という脳の関所があり、血液から必要な物質だけを脳に取り込み、不要な物質の侵入を防いでいる。この関所機能が未熟な胎児期に、ビスフェノール A が血液脳関門を通過していることが明らかになっている。母体から大量に分泌されるエストロゲンは、胎児期の血液脳関門を通過できない仕組みになっていることからも、ビスフェノール A の影響が問題視される。ビスフェノール A が脳に入ることにより、アポトーシス（不要な細胞を除去する仕組み）が阻害されたり、ドーパミン（神経系の信号を伝達する物質）が過剰に分泌されるなど、脳のネットワーク形成に障害が生じ、注意欠陥多動性障害（ADHD）が引き起こされるという仮説が成り立つ。

生徒　アポトーシスとは何ですか。

堤　アポトーシスを簡単に説明するのは難しいのです。そうですね、細胞の死に方の一つを意味する、というのがいちばん分かりやすいでしょうか。プログラムされた死と言われることもあり、単純ではありません。

例えば、胎児の手は最初、水掻きのように指と指の間にも細胞があり、つながっています。そこにアポトーシスが起こり、不要な細胞が除去されて、指は一本一本独立します。胎児の脳の中でも神経細胞の数はアポトーシスで調整され、適切なネットワークが形成される。

その過程が、ビスフェノールAで障害されたり、ドーパミンという神経系の信号を伝達する物質の分泌に影響を与えるのではないかと考えています。

その結果、神経系に過剰なネットワークが形成されたり、ドーパミンの分泌異常等、不都合が生じ、結果として、ADHD（注意欠陥多動性障害）を含む神経発達障害が生じるのではないか、というのが、胎児の脳の発達を専門としている亀井良政医師と考えた仮説です。

生徒　仮に、動物実験でそのような異常が実証されたと言っても、人間の子どもに直接あてはまるわけではありませんね。

堤　もちろんです。こういった動物実験は一つの手掛かりです。人間の子どもに見られる異常と同じような行動異常が、動物実験で観察されたからといって、結論には至りません。脳はいろいろな意味で環境によってつくられる器官だと言えます。子どもが育つ環境はかつて人類が経験したことのない、急速で大きな変化を受けていると言っていいでしょう。胎児期まで含めて、環境ホルモンの影響を評価検討すべきだと思います。われわれの仮説は一つの問題提起ですし、これからの研究の方向性に寄与するものだというに止まります。

日本においても北海道大学の岸玲子教授が、環境ホルモンの小児への影響の研究、つまり神経発達を指標に追跡調査を行うコホート研究を始めたと聞いており、時間はかかるかもしれませんが、成果を期待しています。

またこの先の研究の展開にはＤＮＡマイクロアレイ——マイクロアレイはＤＮＡチップとも呼ばれ、小さな基盤上にＤＮＡ分子を高密度に配置（アレイ）したもので、数千から数万種といった多数の遺伝子発現を同時に観察することができる、画期的な方法です——という分析方法も重要だと思っています。

人間も動物もたくさんの遺伝子をもっていますが、すべてが働いているわけではありません。多数の遺伝子の発現量を調べて、環境ホルモンの作用で増えたり減ったりする遺伝子を探すことが可能です。

実際、ビスフェノールA等の環境ホルモンの胎児被曝で生まれた子どもの遺伝子発現も検討されているところです。

発育促進

堤　ビスフェノールAは大量に使用され、人体に取り込まれることも多いので、研究が進んでいる物質の一つです。低用量作用を研究しているアメリカのヴォンサール教授のデータは興味深いものです。

彼らは、妊娠マウスにさまざまな量のビスフェノールAを投与して、生まれてくる子どもたちに何らかの異常が生じないかと調べました。低用量でもある程度の高用量でも、母親は元気に出産し、生まれる子どもの外見は変わらない。

ところが、環境レベル（つまり、私たちが暮らしている普通の環境の中で、容易に観測されるレベル）の低用量を投与された群では、出生後の発育が早く、大きく育ったのです。

雌（メス）の子どもでは、性成熟の促進も認められました。ヒトでいえば初経が早まるのと同じようなことですから、ヒトに起こっていることと無縁とは言えません。

生徒　前の章で、初経年齢が下がったことが、子宮内膜症などのエストロゲン依存性疾患が増え、発病も若年化する要因だとおっしゃいましたが、胎児期の環境ホルモンの影響で月経が始まる年齢が下がるとすると、間接的に子宮内膜症などの病気を増やしていることも考えられますね。

堤　そこまで洞察力を発揮してもらうと、環境生殖学の極意を会得してもらったようで、もはや言うことがありません。

実はもっと面白いデータがあります。不妊治療における体外受精というのは、体外で受精した胚を子宮に戻すわけですが、無事着床すると子どもが生まれます。

私たちが次に行った実験は、先にお話ししたビスフェノールAを培養液に加えて育てた胚盤胞（はいばんほう）〔→p.151〕を、全くビスフェノールAの与えられていない仮親マウスの子宮に戻すというものです。

この実験ですと、ビスフェノールAの母体への影響はなく、胚盤胞になるまでのピンポイントの時期に、胚自身が受けた影響だけを検出できます。

生徒　ビスフェノールAを被曝した胚は仮親から無事生まれてきたのですか。それとも子宮の中で着床しないとか、流産を起こすとか、死産するとかという結果になってしまったのでしょうか。生まれた赤ちゃんを見れば、奇形の有無も分かりますね。

堤　はい。結果を説明しましょう。表4―2を見てください。

七個の胚を子宮の中に移植したものです。投与していない対照群では平均四・三匹生まれました。胚のときにビスフェノールA一ナノグラムに被曝したものは、四・一匹で変わりません。

一〇〇マイクログラム（〇・一ナノグラム）で少し悪影響を受けていたはずの胚でも、子宮に戻せば五・三匹ですから、全く着床率や流産などには影響がないということになります。体重の重さを見ても、生まれたときの体重

表4-2　生後発育促進の不思議

胚	出生数	出生時体重	3週令体重
対照群（投与せず）	4.3±1.4	1.71±0.23	9.7±2.8
ビスフェノールA 1nM	4.1±1.2	1.74±0.26	13.5±1.6
ビスフェノールA 100μM	5.3±2.2	1.77±0.30	13.0±1.6

図4-2（p.152）の対照群、ビスフェノールA 1ナノモル添加群、100マイクロ（=10万ナノ）モル添加群のマウスの胚盤胞をそれぞれ7個、ビスフェノールAを投与していない仮親の子宮に戻して出生させ、出生数、出生体重、出生してから3週目の体重を調べた。著者らの2001年の報告による。

は全く変わりません。

生徒　何の影響もないということですね。その結果に先生は満足されたのですか。

堤　はい。正直なところ、何か変化が出るかと思っていたので、主に実験を担当した高井泰医師をはじめ、みんなでがっかりしたのです。

しかし、生まれた子どものその後の生殖機能も調べようと、飼育を続けました。そして驚いたのは、生後三週目の離乳時に体重を測ってみると、対照群の九・七グラムに対して、ビスフェノールAを胚のときに投与されたものはどちらの群も一三グラムくらいに育っていて、三〇％以上速く大きくなっていたのです。

以上のことから、母体の環境は全く変わらないのに、胚のときの被曝が生まれてからの発育に時間を超えて影響がある、つまり、次世代影響とも言うべき作用があることが分かりました。

生徒 たしかに、胎児のときのビスフェノールA被曝のお話でも不思議ですが、胚のときにビスフェノールAに被曝した影響が生後現れるのは興味深いことですね。

堤 この成績は結果をよく考えてみると、ヴォンサール教授たちの、母体に投与して胎児期に作用させた結果とほとんど同じです。

つまり、ビスフェノールAに着床前の受精卵の時期に被曝したことと、妊娠して胎児が発育している過程で被曝したことは、次世代影響として同じものが観察されたということになります。このデータを学会で発表したとき、会場で聞いていたヴォンサール教授も喜んでくれて、「コングラチュレーションズ」と握手に来てくれました。

胚や胎児期に環境ホルモンに被曝することによって、その個体の遺伝子の発現パターンが変わってくることがありうると解釈できます。同じ遺伝子を持っていても、次世代の遺伝子発現が変われば、発ガンのリスクが変わったり、免疫機能、神経行動発達等いろいろな面で変化が生じうることを銘記しなくてはいけません。

第五章 環境ホルモンを知る

誰?

環境ホルモンとは何か

堤　環境ホルモンのヒトへの影響をいろいろな角度から見てきましたが、肝心の環境ホルモンそのものについてはあまり詳しくお話ししてきませんでした。環境ホルモンを正しく知ってもらうには、どうしても、ホルモンを理解していただく必要があります。回り道のように見えるかもしれませんが、お付き合いください。

「ホルモン」という言葉はちょうど百年前（一九〇五年）に名づけられ、「刺激する」という意味があります。

やや学問的に説明すると、「卵巣などの内分泌腺（ないぶんぴつせん）でつくられる液状の微量の物質で、血流にのって体中をめぐり、目標となる器官や組織に到達し、そこでそれぞれの受容体（レセプター）と結合し、各種の生理作用を起こすもの」となります。しかし、これでは分かりにくいでしょうね。

生徒　ええ。ホルモンだ受容体だとなじみのない、難しそうな言葉を並べられても頭が混乱してしまいます。できるだけ分かりやすくお話しください。

堤　ホルモンは人間が生きていく上で欠かすことができず、様々なホルモンがいろいろな部門で活躍しています。

一日の生活を考えても、お腹がすいたと思うのも、食事をして満腹を感じるのも、食べたものを栄養として使うのも、ホルモンの働きによります。驚いてドキドキするのも、異性に興味を抱くのも、夜眠くなるのも、太ったりやせたりするのもホルモンの働きと言えます。

ごく微量で、体の働きを調節する、大切な役割をしているホルモンですが、代表的なものの名前をいくつか挙げてくれますか。

生徒　うーん。インスリンはホルモンですね。ドキドキするのは、アドレナリンですか。女性ホルモンはエストロゲンですよね。

堤　インスリンが最初に来ましたか。インスリンは膵臓(すいぞう)という臓器で分泌され、血液中の糖を一定レベルに調節していますね。

不足したり、働きが悪いと血糖値が高くなり、糖尿病になるのをご存じですね。日本には何百万の患者さんがいると言われ、国民病とも言われている上に、糖尿病の治療に、ホルモン療法といって、インスリン製剤を使うこともあるので知っている人も多いでしょう。

追って詳しく説明しますが、ホルモンは微量でそれぞれの役割を果たしますが、欠乏した場合は、インスリンの例の糖尿病のように、何らかの病気になります。逆に多すぎても機能に破綻（はたん）がきて病的状態になります。足らなければホルモンを補充する治療法がありますが、少し多すぎれば、逆に病気になってしまいます。インスリンの例ですと、量が過ぎれば、低血糖といって、血液中の糖のレベルが下がって危険な状態になります。

生徒　いろいろなホルモンがあって、それぞれ微量で大事な働きをしているということは分かります。ホルモンはバランスが大事だと聞きますが、多すぎても、少なすぎてもうまく役割が果たせないということでしょう。もう少し具体的に説明してください。

堤　環境生殖学では生殖の仕組みを知ってもらうことが大事なので、生殖機能を調節する性ホルモンを例に、もっと具体的にお話ししましょう。

性ホルモンと言えば、男性ではアンドロゲン、女性ではエストロゲンが主ですが、ここでは、エストロゲンを例にして、ホルモンの働きとその調節の仕組みを考えてみましょう。

分かりやすくするために、登場人物をとりあえず、脳（下垂体）、卵巣、子宮に限りましょう。どの臓器が偉いとか優れているという意味ではありませんが、命令系統でいうとどういう関係にあるでしょうか。

1　脳→卵巣→子宮
2　卵巣→子宮→脳
3　脳→子宮→卵巣
4　子宮→脳→卵巣
5　子宮→卵巣→脳

生徒　1の「脳→卵巣→子宮」でしょうか。脳の下垂体から命令が出るのだったと思います。

堤　そのとおりです。どこかで勉強したことがありましたか。

脳は様々な機能の中心で、指令塔の役割をしています。図5―1に示しましたが、エストロゲンが働くきっかけは、脳の働きによります。

会社に譬えれば、脳が社長さんにあたります。メールか社内電話ならぬ、FSH（卵胞刺激ホルモン）を分泌して、卵巣に指令を出します。

図5-1　排卵の仕組み

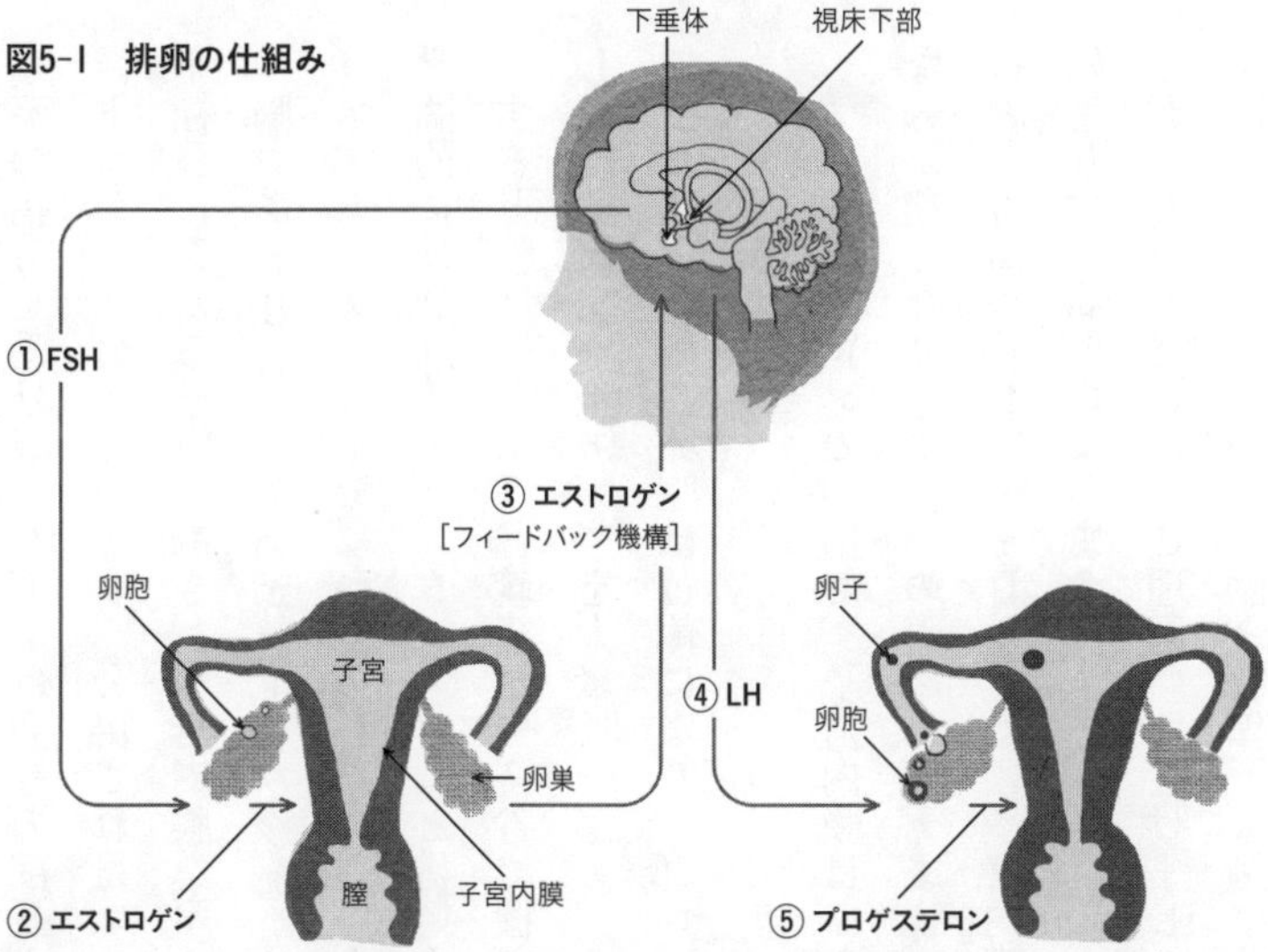

①視床下部がGnRH（下垂体のホルモン活動をコントロールするホルモン）を放出し、その指令を受けた下垂体がFSH（卵胞刺激ホルモン）を分泌。FSHは卵巣の中にある卵胞（卵子を包んでいる袋）に働きかけ、卵胞の発育を促す（卵胞期）。
②卵胞からエストロゲンが分泌されて子宮に働きかけ、子宮内膜が増殖を始める（増殖期）。卵胞期、増殖期は通常14日間。
③エストロゲンの分泌が高まると、視床下部・下垂体がそれを察知し（フィードバック機構）、エストロゲンがピークに達すると、下垂体はLH（黄体化ホルモン）を大量に放出する。
④LHは卵胞に働きかけ、排卵が起こる。
⑤排卵後、LHは卵胞を黄体という組織に変え、黄体がプロゲステロンを大量に分泌。プロゲステロンの作用により、子宮内膜は分泌期に入り、着床の準備に備える。黄体がプロゲステロンを分泌できるのは約14日間。受精卵が存在しないと子宮内膜は機能を終え、剥がれ落ち（＝月経）①に戻る。

その指令を受け取った卵巣は会社の部長さんで、その配下の卵胞が育ちエストロゲンが分泌されます。分泌されたエストロゲンは、いわば業務命令で、平社員にあたる子宮に働き、子宮内膜を厚くします。

脳である社長は部下のエストロゲンの分泌状態をチェックしており、「もうエストロゲンは十分につくられた」という情報をキャッチします。これを学問的にはフィードバックシステムと言います。

すると脳は、ちょうど義経が一ノ谷で機が満ちたときに軍配を翻すように、LH（黄体化ホルモン）を大量に分泌し、その命令・信号によって排卵が起こります。卵巣の卵胞は黄体になり、プロゲステロン（黄体ホルモン）をつくりはじめます。

プロゲステロンの作用で、子宮内膜はふかふかのベッドに譬えられるような分泌期となり、受精卵の着床に備えます。妊娠しない場合、黄体は一四日ほどの寿命が終わり、それとともに子宮内膜は剝離しリストラされ、月経が始まり次の周期になります。

だいたいのところはご理解いただけましたか。

生徒　難しいホルモンの働きを卑近な例で分かりやすく、という熱意は感じました。要するに、人間の身体も会社組織と同じで、社長・部長・平社員が一つの仕事をするのに、大事な手段として情報交換が必要なわけですが、その媒介としてホルモンがあるということでしょうか。

堤　そうです。それぞれ大事な臓器、会社で言えば部署の機能・活動はバラバラでは困ります。ホルモンが媒介して全体の働きを協調させていると言えます。

生命体を表現する概念に「自律分散協調系」がありますね。様々な臓器は体内に分散して存在し、それぞれが自律的に動いているが、機能は協調してはじめて、生命は成り立つということでしょう。そこで欠くことができないのがホルモンの働きです。

エストロゲンの働きをもう少し追加しておくと、血流にのって、皮膚や骨、血管、脳の他の細胞などにも働きかけます。

皮膚の細胞では、張りのあるみずみずしい肌をつくり、骨の細胞では骨からカルシウムが出て行くのを防ぐといったメッセージを伝えます。血管では、動脈硬化や心筋梗塞を防ぐ働きがあります。脳ではアルツハイマー病等の認知症の進行に対して、予防的に作用するという説もあります。

ところで、分泌されたホルモンは、全身をまわってすべての細胞に届くのに、なぜ特定の器官だけに働くのでしょうか。

生徒　そこで受容体（レセプター）が出てくるのですね。

合い鍵としての環境ホルモン

堤　はい。ホルモンが作用する相手の細胞は、そのホルモンだけに合う受容体（レセプター）を持っています。社長と部長、部長と平社員を結ぶ内線電話の番号とも言えますが、よく譬えとしてお話しするのは、鍵と鍵穴の関係です。

鍵がホルモンだとすると、そのホルモンにピッタリ合う受容体（つまり鍵穴）を持っている細胞のみが、扉を開いて、ホルモンの情報を受け取ることができるのです。図5―2にもう少し詳しく説明しましたので参考にしてください。

生徒　ホルモンは鍵で、受容体は鍵穴だということは分かりましたが、環境ホルモンはどうなったのでしょう。

堤　肝心の環境ホルモンは「内分泌攪乱物質」とも言われます。どんなものなのかを一言で表現するのは難しいのですが、「人間が作り出した化学物質の中で、動物の体内に取り込まれた場合に、本来、その体内で起こっている正常なホルモンの働きを邪魔し、あたかもホルモンのように働く物質」と定義しておきましょう。

環境ホルモンがただの化学物質とは区別される秘密もここにあると言えます。一般に化学物質は、たとえ薬であっても、量が多くなれば毒性をもちます。環境ホルモンと呼ばれる物質も大量に摂取すれば、毒として働くことには異議がないと思います。

第一章でお話ししたように、ダイオキシンは量が多いと毒としても働きます。ただし、いま話題にしているのは、「低用量」作用と言って、食べ物や水等の環境中や、われわれの体内に普通に蓄積しているレベルでどうだろうということです。

結論から言うと、環境ホルモンは微量でホルモンのように働いたり、ホルモンの働きを抑えます。逆に、ホルモン作用を撹乱するからこそ、環境ホルモンと呼ばれるとも言えます。

これを鍵と鍵穴理論で説明すると、環境ホルモンは合い鍵です。環境ホルモンは元来化学物質ですから、本当はホルモンではありません。

ところが、鍵穴、つまり受容体にはまってしまいます。ホルモンがないのに、合い鍵＝環境ホルモンが働いて、鍵が開いてしまうことがあるのです。鍵穴がエストロゲン受容体であれば、これを環境ホルモンのエストロゲン作用と言います。

合い鍵で鍵穴が塞(ふさ)がれたら、いざというときに鍵が鍵穴に合わず、開きません。この場合は同じ環境ホルモンでも抗エストロゲン作用（つまりホルモン作用をうち消すもの）として働くわけです。

生徒　ホルモン（エストロゲン）、ホルモン（エストロゲン）受容体、エストロゲン作用をする環境ホルモンは、鍵と鍵穴と合い鍵の関係で、いわば三角関係ですね。

堤　面白い譬えを考えてくれました。もう一人、正確にはあと二人登場人物を加えてもいいですか。ダイオキシンとダイオキシン受容体です。

生徒　ダイオキシンとダイオキシン受容体のお話は、第三章、第四章で少し伺いましたが、エストロゲン、エストロゲン受容体と絡んでくるのですね。

堤　ホルモンと受容体の関係は、生命活動を調節するために、鍵と鍵穴のようにうまくできている素晴らしい仕組みです。

環境ホルモンがエストロゲンの合い鍵になるだけで不思議なのですが、そこに、もっと不思議だと思うことがあります。ダイオキシンは他の環境ホルモンと違い、エストロゲン受容体にははまりません。エストロゲンの合い鍵としては働かないのです。

ところが、ダイオキシン受容体がある。そのこと自体、よく考えてみると不思議なのです。ダイオキシンそのものがもともと広く存在することはなかったのですから、それに対応するダイオキシン受容体も存在するはずがないと考えられます。

神様がいるとして、なぜダイオキシン受容体をおつくりになったか、私には分かりませんでした。神のみぞ知るという状態ですが、いろいろな研究が進んで手掛かりが分かりはじめているところです。

図5―2に示したように、ダイオキシンは細胞の中に入ってくるとダイオ

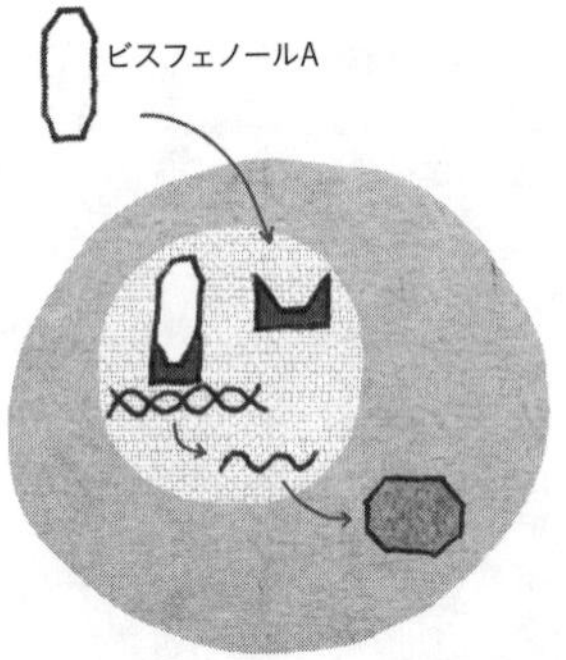

[エストロゲン作用]
エストロゲン作用とは､鍵(エストロゲン)がないときでも、合い鍵(ビスフェノールA)でドアが開いてしまうようなもので、エストロゲンが分泌されていないのに、ビスフェノールAがエストロゲン作用を引き起こしてしまうことを指す。

ビスフェノールA等

ビスフェノール A や農薬のDDT、PCB は、エストロゲン受容体(ER)に結合する能力がある。

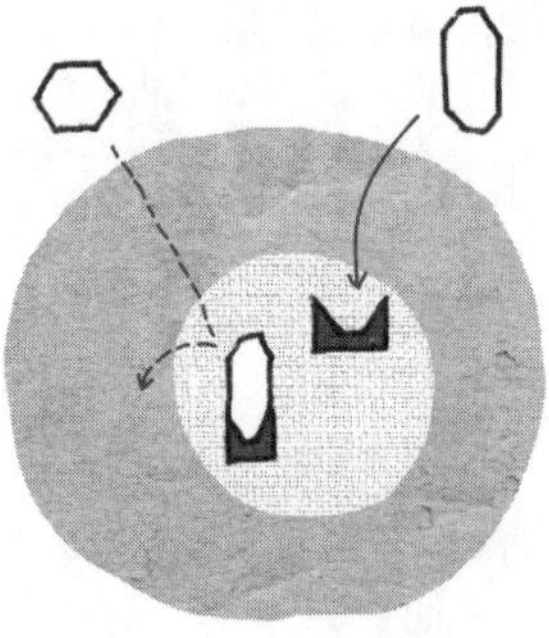

[抗エストロゲン作用]
抗エストロゲン作用は、鍵(エストロゲン)で開くはずのドアが、合い鍵(ビスフェノールA) で邪魔をされて開かなくなるようなこと。エストロゲンが働こうとしても、エストロゲン受容体がビスフェノール A でふさがっていて作用できない状態を指す。

ホルモンの作用を受ける細胞は、そのホルモンだけに合う受容体(レセプター)を持つ。このホルモンとホルモン受容体の関係は｢鍵と鍵穴｣にたとえられる。環境ホルモンはここで｢合い鍵｣となり、ホルモンのように働いたり、ホルモンの働きを妨げたりする。

図5-2　ホルモンと環境ホルモンの作用メカニズム

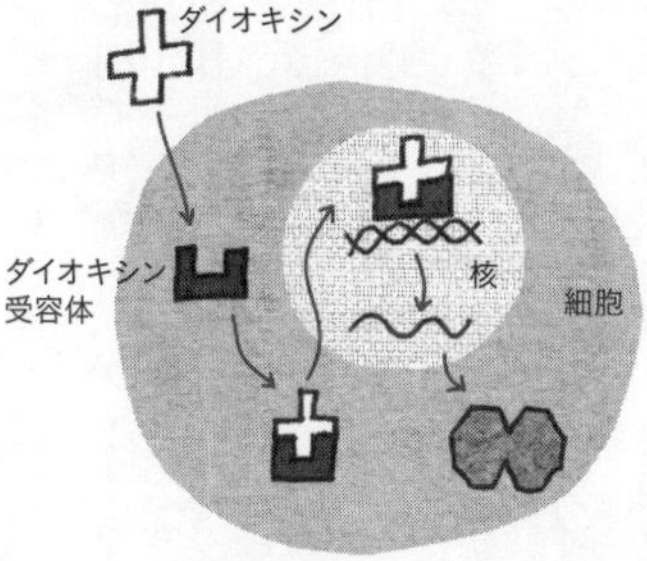

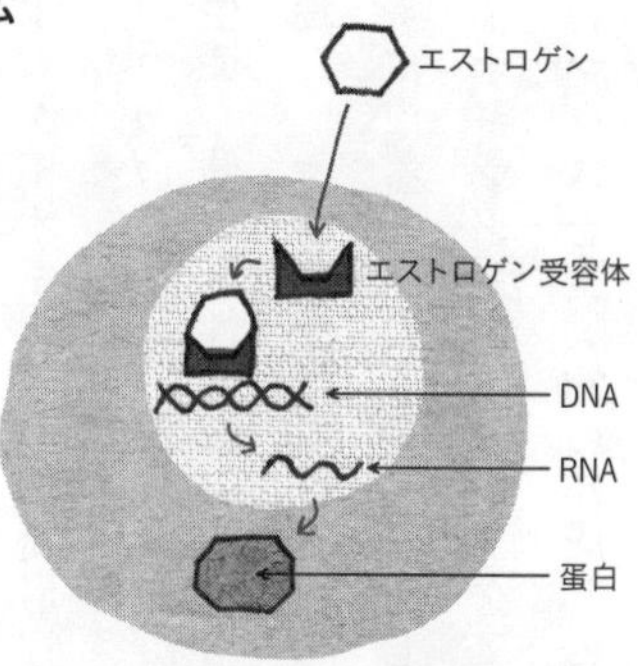

ダイオキシン

細胞の中に入ったダイオキシンは、ダイオキシン受容体（AhR）に結合する。その後、核の中に入ってDNAに働きかけるが、どのような作用を引き起こすか十分には明らかにされていない。

エストロゲン

エストロゲンは、細胞の核の中にあるエストロゲン受容体（ER＝エストロゲンレセプター）に結合する。結合した複合体はDNAに作用し、メッセンジャーRNAが情報を伝達し、新しい蛋白質を合成する。

[クロストーク]

ダイオキシンがダイオキシン受容体に結合すると、エストロゲン受容体の働きに影響を与えることがある。このような作用を「クロストーク」という。

キシン受容体にはまります。エストロゲン、エストロゲン受容体の組み合わせとは別ですから、ダイオキシンは別の鍵、いわば裏口の鍵で、ダイオキシン受容体は裏口の鍵穴のような存在です。

生徒　ダイオキシンはダイオキシン受容体と組んで、普通の環境ホルモンとは別の働きをするのですか。

堤　ダイオキシンはたしかに、ダイオキシンに特有な働きをします。ダイオキシン受容体を通じたダイオキシン作用の研究で特筆すべきことは、ダイオキシン受容体の存在を発見したのが、日本の研究者であることです。

現在筑波大学教授の藤井義明先生は、ダイオキシン受容体の発見のみならず、ダイオキシンの催奇形性がダイオキシン受容体を介していることも証明しました。

生徒　催奇形性とはどんなもので、どう証明されたのですか。

堤　マウスでは、妊娠中の母体に少量のダイオキシンを投与すると、子どもに口蓋裂（こうがいれつ）という奇形が生じることが分かっていました。藤井先生たちはダイオキシン受容体のノックアウトマウスと言って、ダイオキシン受容体のないマウスを実験的に作成して、ダイオキシンを投与しました。

するとどうでしょう。口蓋裂は生じませんでした。これが、ダイオキシンの影響を予防したり治療する手段になるかは別として、ダイオキシン受容体が口蓋裂という奇形を起こす鍵穴であることは分かりました。

生徒　先端的な科学技術をダイオキシン研究に応用したのですね。先生が言われている日本の研究レベルの高さを証明するものの一つですね。

堤　それだけではありません。ダイオキシンはエストロゲンの作用を撹乱することも分かっていました。しかし、表玄関の鍵であるエストロゲンと、裏口の鍵であるダイオキシンがどう結びつくかは謎でした。

ところが最近になり、東大分子生物学研究所の加藤茂明教授のグループがこの関係を明らかにしました。加藤教授はエストロゲン受容体研究の大家でしたが、ダイオキシン受容体の藤井先生たちとも共同して、ダイオキシンとダイオキシン受容体が結合すると、エストロゲン受容体の働きに影響を与えることを分子のレベルで明らかにしました。

もう一つ大きな発見が日本人研究者によってなされました。ダイオキシン受容体に結合する生体内物質がインディルビンであることを、京都大学の松井三郎教授のグループが見つけ出し、鍵として働くことを明らかにしました。

世界の多くの人が注目していた、環境ホルモンを巡る三角関係、いや四角関係が、日本人研究者の共同で解き明かされていくのは、日本人としてもうれしいことです。

ピルは環境ホルモンか

堤　次に進みます。

ピルは日本語では経口避妊薬です。いわゆる低用量ピルが一九九九年に日本でも使用できるようになりましたが、その前に「ピルは環境ホルモンか」という論争があったことを覚えてますか。

ピルは人間が合成した女性ホルモンです。いろいろな種類がありますが、エストロゲンとプロゲステロンを組み合わせたものと思ってください。エチニルエストラジオール［→p.141］が代表的です。

これを飲むとどうなるかですが、医学的に言えば、ピルは子宮内膜に働き、

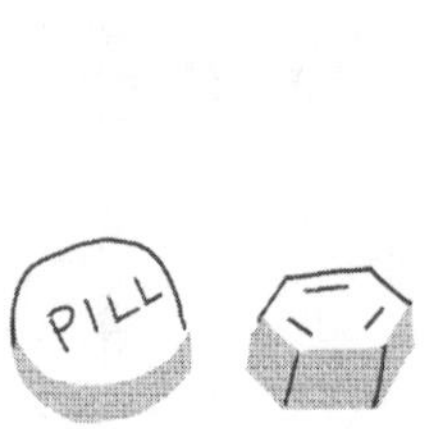

その働きによって周期的な出血が起こります。ピルが合い鍵として、子宮内膜の鍵穴にはまって、鍵を開いたのです。

ピルは同時に、脳にも働き、脳の鍵も開き、あたかも卵巣が働いているかの錯覚をあたえます。脳は卵巣が働いているなら、これ以上働けという信号（FSH・LH）を出しません。信号が来ないので、卵巣は働かず、排卵も起こりません。

排卵が起こらないので、妊娠もしないというわけです。だから避妊に効果があるのです。脳↓卵巣↓子宮という命令系統が撹乱されるわけです。

生徒　何となく分かったような気がしますが、先ほどの会社の譬えで言うとどうですか。

堤　社長と部長と平社員ですね。これはあくまで譬えですが、卵巣が部長にあたります。誰かが部長の声色をまねた偽電話を平社員（子宮）にかける。偽電話がピルです。

すると、平社員は偽電話の指令でせっせと働く、社長（脳）もピルという偽電話ですっかり部長（卵巣）が頑張っていると信じて監督を怠る。そうすると、三者は緊張関係を保って仕事に取り組むはずなのに、本当の部長（卵巣）は社長の指令・刺激を受けず、居眠りをしてしまうというわけです。

一見会社は平穏に仕事が行われているように見えて、実は妊娠するために必要な排卵という仕事が実行されないのです。

生徒　会社の業務が滞る（とどこお）のは困りますが、ピルの場合は内分泌を撹乱することによって、避妊できるという薬の効果が出るのですね。

堤　ここが大事なところです。ピルはホルモンの働きをする薬ですから、副作用もあります。ピルに対して懐疑的な人たちの疑問は大きく分けて二つあります。一つはＤＥＳのように環境ホルモンとして働き、ガンを作ったりするのではないかというものです。

ＤＥＳは妊娠中に投与されて次世代つまり胎児が被曝して、生まれてからガンの発生が起こったのです。ピルも万一を考えて、妊婦さんに投与することはしません。妊娠をしないために飲むのですから。

またピルの「副効用」と言ってピルを服用された方は子宮内膜症や卵巣ガンになりにくい、という報告もあります。

リスクアセスメントという言葉がありますが、メリットとリスクを天秤（てんびん）にかければ、ピルを内服するメリットはデメリット（リスク）をはるかに超えるというのが、私を含め一般の産婦人科医の見方と言えます。

ピルは一日飲み忘れても、避妊効果に影響はありません。日本の女性は几帳面で、飲み忘れで失敗される方はまずありません。

外国では飲み忘れが重なったりして、妊娠してしまう例は報告されています。結果的には、妊娠中に投与してしまったことになりますが、それを見ても、エチニルエストラジオールというピルに含まれる合成ホルモンには、DESのような胎児への影響はなかろうということも分かります。

生徒　ピルはよい薬だというお考えは分かりましたが、もう一つの問題点は何ですか。

堤　問題視されたのは、内服されたピルは、尿として排泄されて体外に出ていくという事実です。それが環境を汚染し、環境ホルモンとして地球環境に悪影響を与えるのではないか、というのです。

たしかにイギリスの汚水処理場の排水中でニジマスとコイを飼育して実験したところ、排水中にエストロゲン様物質（エストロゲンと同じように働く物質）が存在しており、ピルの影響が疑われました。

合成エストロゲンであるピルのエストロゲン作用を軽視すべきでない、とは言えます。しかし、ピルを服用していなくても、女性の尿中には通常相当量のエストロゲンが含まれていますし、とくに妊婦さんの尿には大量にエストロゲンが出てきます。

生徒　天然エストロゲンと合成エストロゲンの生態系への影響について、今後の調査研究は必要でしょうが、妊婦さんに「妊娠中はエストロゲンが多く含まれるから尿をするな」というわけにはいかないということですね。

堤　はい。地球上に人類を含め多数の動物が住んでいれば、その生活から環境中にある程度エストロゲンが放出されるのは必然です。

ピルの服用によっても環境中にエストロゲンが放出されますが、それをもってピルを使ってはいけないというのは行き過ぎでしょう。私は、安全で確実な避妊法としてピルが使用されてしかるべきだと確信します。

ここで少し、ピルの使用を例に予防という概念について考えてみましょう。ピルは避妊薬として、望まない妊娠を防ぎます。

避妊しなかった場合、あるいは不確実な避妊法で避妊がうまくいかなかった場合、妊娠します。妊娠が継続できないときは、日本では母体保護法があり、妊娠中絶手術を受けることが可能で、実際年間三〇万件以上の手術が行われています。これは大変残念で辛いことです。

さらに手術ですから、それ相応のリスクがあり、手術の合併症が起こったり、万一の場合ですが、命の危険にもさらされます。

生徒 ピルはきちんと避妊できることにより、妊娠やそれに伴う手術のリスクを予防し、尊い命も救われると言うのですね。

堤 とくにピルの肩を持つわけではありませんが、ホルモンにしても環境ホルモンにしても、正しく理解して評価する必要はあります。余談になりますが、もう少し予防の話をしましょう。養老孟司先生をご存じでしょう。

生徒 『バカの壁』ですね。

堤 先生は解剖学の専門家として、また脳の研究者として講演活動等もなさっています。先生は長年、東大医学部で解剖学を教えておられました。私も三〇年以上前になりますが、教わった学生の一人です。それはさておき、二〇〇四年十二月、名古屋で開かれた環境省国際シンポジウムで先生は特別講演をされました。その特別講演「ホルモンのはたらき」は市民向けにも公開され、平易な中にも含蓄があり、感銘を受けました。

環境ホルモンに関する講演でしたが、「予防」という概念に触れられたのが、とくに印象に残っています。お母様もお医者さんでいらっしゃって、養老先生自身が大学を卒業してインターンを終え、進路を決めるときに、「医者は一人前になるのに、百人は患者を殺さなければ」と言われたそうです。それを聞いて、先生は臨床医になるのを止め、解剖学の道を選んだということでした。

殺すといっても、医療ミスという意味ではなく、残念ながら力が及ばないことがあるということでしょうが、先生は、解剖学を選ぶことによって、百人の患者を殺すことを予防した。予防されて死ななかった百人は先生の英断に気づかない、というお話でした。

冗談のように聞こえますが、「予防」の本質をついたお言葉でした。できごとが起こってから、ああすればよかったと言っても「後悔先に立たず」ですが、適切な処置がなされていれば、できごとが起こらず、何が適切であったかの検証が困難であるとも言えます。それが「予防」の難しいところだと妙に納得したものでした。

ピルで望まない妊娠を避け、同時に手術によるリスクを避けられた方は、手術やその後にある大きなリスクに全く気づかないことが多いでしょう。

そのピルに環境ホルモンの疑いがあるからと言って、使用に待ったがかかった時期もありました。

しかし、ピルは避妊薬として優れているし、リスクをはるかに超える十分なベネフィットがあり、使用することは差し支えないでしょう。さらに、「副効用」や広い意味の予防を含めたメリットも理解した上で、環境ホルモンとしての作用にも注視し、環境への影響を評価することも忘れないのが、正しい姿勢だと思います。

身近にある環境ホルモン

生徒　ピルは薬として認めるとして、その他に環境ホルモンとして問題になるものは具体的にどのようなものがあるのですか。環境省が以前、六七種類の物質を環境ホルモンの疑いがあるものとしてリストアップし、公表していたと思いますが。

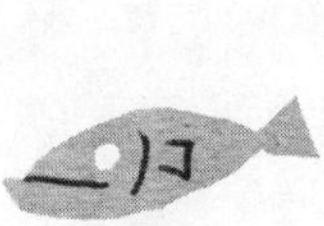

堤　環境省は九八年に環境ホルモン戦略計画「SPEED'98」をとりまとめ、優先して調査研究を進めていく必要性の高い物質群として六七の物質をリストアップ、内分泌撹乱作用の有無、強弱、メカニズム等を解明してきました。詳細は環境省のホームページ（http://www.env.go.jp/chemi/end/）で知ることができます〔表5―1〕。

魚類を使った試験では、オクチルフェノール、ノニルフェノール、ビスフェノールA等は内分泌撹乱作用を持つことが推察されましたが、ヒトの健康への影響は明らかにすることができませんでした。

二〇〇五年三月には環境省としての対応方針がまとめられ、対象とすべき物質は更新し続ける必要があること、また、リストに載せることにより、内分泌撹乱作用が認められた物質であるかの誤解を与えかねないという懸念などから、今後リストアップという形をとらないことが示されました。

発表された「化学物質の内分泌かく乱作用に関する試験対象物質選定と評価の流れ」を見ると、一定の見解にとらわれず、化学物質全般に対して内分泌撹乱作用を検証していこうという環境省の深い見識が感じられます。

ここでは、どのようなホルモン作用をするのかという見地から、環境ホル

表5-1　主な環境ホルモン

ダイオキシン類……主にごみ焼却の過程で生成される。また、かつて使用されていたPCBや一部の農薬に不純物として含まれていたものが、底泥などの環境中に蓄積している可能性がある。水に溶けにくい反面、脂肪などには溶けやすく、発がん性、催奇形性等がある。耐容摂取量は1日4 pg(ピコグラム)/kgで、一般的に平均して1日に約1.68 pg/kgを摂取している。

DDT……有機塩素系殺虫剤・農薬で、奇跡の殺虫剤と言われて大量に使用されたが、毒性が認められ、1981年製造・輸入・使用禁止。残留性が高く、現在でも人体等から検出される。フロリダのアポプカ湖でのワニの生殖異常の原因とされる。

ポリ塩化ビフェニール(PCB)……ダイオキシンと似た構造を持つ有機塩素化合物。絶縁性や耐熱性が高く、変圧器や蓄電器の絶縁油、塗料などに広く用いられた。日本では、1968年のカネミ油中毒事件が起こり、1972年に製造販売が中止された。アメリカの五大湖の汚染が問題となった。

ノニルフェノール……界面活性剤、合成洗剤、石油製品の酸化防止剤として使用される。乳ガン細胞の増殖刺激物質として検出された。環境省のメダカを用いた実験で精巣卵や受精率の低下等が認められ、環境ホルモン作用があることが推察されている。

ビスフェノールA……ポリカーボネート樹脂、エポキシ樹脂等の原料。ポリカーボネート樹脂は、CD等ディスク、電子機器、哺乳瓶や給食用食器などに、またエポキシ樹脂は、塗料、飲料缶のコーティング、接着剤などに使用される。年間数10万トンが消費され、環境中にナノモルレベル検出される。

ジエチルスチルベステロール(DES)……合成エストロゲン剤で流産予防薬として使用された。1970年代に女児に膣ガンや、生殖器の異常を発生させることが明らかになった。いわゆる次世代影響のヒトにおける例とされる。

フタル酸エステル……ポリ塩化ビニル(塩ビ)を中心としたプラスチックの可塑剤として使用される。電線の被覆剤、水道のホース、玩具など広範囲に利用されている。塩ビ手袋の食品の直接接触はフタル酸付着が問題となり、使用法が制限された。

有機スズ……漁網防汚剤や船底塗料として使われた。そもそも一般毒性が強く、また難分解性であることから、1990年外航船を除き禁止された。イボニシの生殖異常(インポセックス)の原因と考えられている。

モンをできるだけ分かりやすく見ていきましょう。

環境ホルモンとされているものを関連するホルモン別に分けると、一番多いのは、女性ホルモン（エストロゲン）の作用に関係するものです。もちろん男性ホルモン（アンドロゲン）、あるいは甲状腺ホルモンの作用を撹乱すると言われるものもあり、最近注目されています。

しかし、主に問題になっているものはエストロゲン作用で、環境ホルモンはエストロゲンの働きを妨げたり、エストロゲンのようにふるまったりするものが中心だと思ってください。

また別の見方をしてみましょう。環境ホルモンのできる由来等を基準にすれば、ゴミ焼却場から意図したわけではないのに出てきてしまうもの（炭素と塩素が同時に焼かれたため）、化学工業品、農薬、薬品、重金属類、植物に含まれるもの（植物エストロゲン）というような分類もできます。

表5―1のなかで、耳にする機会が多いもの、しかもある程度研究が進んでいるものを見ていきましょう。

一番身近で問題になっているのがダイオキシンです。ただし、「ゴミの焼却でできる猛毒のダイオキシン」と言うと正確ではありません。

生徒　どうしてですか。そのように聞いていますが？

堤　実は私も最近中西準子氏の著書『環境リスク学』（日本評論社、二〇〇四年）で知ったのですが、東京湾の汚泥から検出されるダイオキシン類の詳細な分析から、一九七〇年代の高濃度ダイオキシンの多くは農薬に含まれていた不純物に由来するものであったそうです。

いまの農薬にはダイオキシンはほとんど含まれていないので、現在のダイオキシンの主な発生源はゴミの焼却と言っていいと思いますが、過去においては正しくないわけです。

一九七〇年代までは、ダイオキシンを含んでいた農薬が大量散布され、環境中に蓄積され、東京湾の汚泥でもピークに達していたのです。その後農薬由来のダイオキシンは急速に減少して、相対的には焼却施設から発生するダイオキシン量が多くなったわけです。

いまさら、ゴミの焼却から生じるダイオキシンを減らすことに巨費を費しても、全体からみればわずかな貢献でしかない、という理屈は理解できます。かと言って、蓄積性が高いダイオキシンを増やさず、減らす努力をしなくていいというわけではありません。東京湾の汚泥も表面は大丈夫だと思っても、大津波でも来ればどうでしょう。

生徒　そこまでお考えになるのですか。とにかく、大切な情報は正確でなくては正しいリスクコミュニケーションもできない、ということですね。

堤　はい。それから、ダイオキシンはヒ素や青酸カリの一〇〇〇倍以上の毒性をもつと言われていますが、いわゆるモルモットの実験からの類推です。人間ではどうかという正確なデータはありません。

サリンの二倍の毒性とも言われますが、サリンが神経毒で短時間に死亡するのに比べて、ダイオキシンの場合は急性毒性以外に、発ガン性や免疫機能への作用等もあり、簡単には比べられません。

さらに付け加えますと、環境生殖学では、ダイオキシンの毒性を問題にしようとしているのではありません。第一章で毒殺という言葉を使って誤解を招いていたらお許しください。

ダイオキシンは環境中に普通に検出されるようなほんのわずかな量でも、毒物としてでなく、環境ホルモンとしてダイオキシン特有の作用をしたり、エストロゲンのような作用、あるいはエストロゲンの働きを打ち消すような作用（抗エストロゲン作用）が問題になっているのです。

生徒　毒なのか毒でないのか、あまり分かりやすいとは言えないお話ですね。

堤　それではもう少し説明しながら問題を整理して、目を覚ましてもらい、理解が深まる質問を用意しましょうか。

先ほども言いましたように、ダイオキシンの大半は、少なくとも現在は塩素を含んだゴミの焼却によって生まれます。ダイオキシンの元になっている元素は、炭素、水素、酸素、塩素ですが、これらが三〇〇～六〇〇度の低い温度で燃やされて、特別な結びつきになるとダイオキシンが発生します。

ダイオキシンは、煙や灰に大量に含まれています。煙の中のダイオキシンは、大気に溶け込んで、一部は私たちが直接吸っているわけですが、土や川、海の水に落ちます。

灰は最終処分場に埋められますが、土の中に溶け出したり、またそれが地下水と一緒に川から海に流れ込んだりするおそれがあります。農薬に含まれていて、現在も土壌中に大量に残っているものも同じ運命をたどります。

環境を汚染したダイオキシンは、食物連鎖の鎖をたどって人間が食べる肉や魚や野菜に蓄積され、連鎖の頂点に位置する人間に最も高濃度で戻ってくるというわけです。

空気や水を介する部分もありますが、環境省の最近の調査では、日本人は一日体重一キログラムあたり、一・六八ピコグラムを摂取し、そのうち食事経由が一・三ピコグラムと報告されています。ほとんどが食事で摂取していると分かります。

さて、ダイオキシンは主に食物から身体に取り込まれることは分かりましたね。ここで質問です。どんな食物がより高濃度で、汚染の主役になりやすいでしょうか。

1 野菜・果物
2 肉
3 魚
4 米・麦
5 水

生徒 魚でしょうか。

堤 そのとおりです。いろいろなところに講演に行くときに、会場の皆さんの反応を知りたくてこの質問はよくするのです。もともと関心の高い聴衆の方の場合、魚と正解されることが多いのですが、違った回答が返ってくることもあります。なぜ、魚だと思いましたか。

生徒　環境ホルモンの汚染は食物連鎖にのっていると聞いていますから。プランクトンから小魚、大魚と食物連鎖をたどってだんだん濃縮されているのですよね。

堤　そのとおりです。そういった知識が一般化していれば、埼玉県所沢の野菜をめぐる不適切な報道による風評被害も防げたかもしれませんね。

野菜にしても、どこで作っても一定の汚染はありますが、相対的にその濃度は低いのであまり問題になりません。

それでは、次の質問です。ダイオキシンの汚染は地域や生活様式によって差があると言われていますね。どんな国あるいは民族がより高く汚染されていると思いますか。

1　日本
2　イギリス
3　スリランカ
4　イヌイット
5　ウクライナ

生徒　先ほどの食べ物の応用問題ですね。工業国でダイオキシンの発生が多く、魚を多く食べている日本でしょうか。

堤　考え方は間違っていません。でも正解はイヌイットです。彼らはアザラシやセイウチを栄養源とする割合が高いからです。アザラシは、魚を大量に食べているから高濃度のダイオキシンが含まれているのです。

餌になる魚は回遊してくるのもありますし、水や空気は循環し、ダイオキシン汚染は北極、南極を含めて世界共通のものとなります。イヌイットの場合、自分たちはダイオキシンの発生源にはほとんどなっていないのに、気の毒で申し訳ない話ですね。

ダイオキシンにはまた触れることにして、次も見ていきましょう。DDTという殺虫剤をご存じですか？　ある年代から上の方は、あの白い粉のことを覚えていると思います。頭からふりかけられた人もいるでしょう。

世界中で使用され、発見者は害虫や伝染病から人類を守ったとしてノーベル賞に輝きました。しかし毒性が強く、残留性も問題になり、一九六二年のレイチェル・カーソン『沈黙の春』がきっかけでアメリカではいち早く製造・使用禁止になりました。日本でも一九八一年に生産中止になっています。しかしマラリア等の伝染病が十分征圧できていない南の途上国では、類似農薬がいまだに使用されているようです。農薬の環境へ与えるリスクと、使用しないでマラリア等で死亡する人を秤にかけると、使用せざるをえないということでしょう。

ポリ塩化ビフェニール（PCB）も有機塩素を含んでいる点で似たような物質ですが、絶縁性にすぐれているため絶縁油・熱媒体・可塑剤など、電気製品に何万トンという単位で使われてきました。一九七二年に製造・使用禁止になっています。

生徒　そんなに昔に使用しなくなっているのに、いまだに問題になっているのですね。

堤　ダイオキシン、DDT、PCBともに共通しているのは、有機塩素を含んでいることです。総称して有機ハロゲン系化合物と言われます。炭素と塩素が有機的に結合していると、地球上の生体には処理（分解）できないのです。

いったん体に入ってしまうと、壊れず、脂肪に溶けて体内にたまってしまい、なかなか出て行かない。ですから、環境中からはなかなかなくなりませんし、いまも人体や魚、動物から検出されています。

虫に対して毒として働けば殺虫剤ですが、働くのは虫に対してだけでなく、量の多少はありますが、ヒトや魚や他の動物に対しても毒なのです。

ただし、繰り返しになりますが、本書で問題にしていこうとしているのは、毒性の話ではなく、現在環境中に存在する程度の微量で、環境ホルモンとしてどのような働きがあるのか、それを知ることによって、環境を保持改善するだけでなく、医学や生命の知識に役立てようというものです。

有機ハロゲン系化合物は厄介ですが、毒性の高いこともあり、ダイオキシンのように軽減の処置がとられたり、製造・使用禁止等取り扱いに注意が払われています。これを第一グループとすると、次のグループは別な意味で問題があります。

ビスフェノールAは、私たちの身のまわりにあるプラスチック製品、その多くはポリカーボネート製ですが、ビスフェノールAは、その原料です。微量ですが溶け出します。歯科の治療材料つまり充塡剤(じゅうてんざい)、缶製品、水道の水からも検出されます。

その濃度は一ミリリットルあたり一〇ないし一〇〇ナノグラム、モルという濃度の単位でもナノモルのレベルです。

第三章、第四章ではわれわれの血液やその他の体液等にもナノグラム、ナノモルという濃度で存在し、その濃度レベルで胚発育等に影響が出ることを見てきました。逆に言えば、身の回りにある化学製品から溶け出したビスフェノールAは、水道の水を含めてわれわれの体内に入り込んでいるということを意味します。

ナノグラム、ナノモルはヒトの生命や健康に直接害を与える濃度からみれば、微量で取るに足らないと言えます。しかし、環境ホルモンという見地からも検討する必要はあるというのが私の意見です。

別の角度からビスフェノールAの働きを検討した成績もお示ししましょう。エストロゲンの働きを分子のレベルで測るシステムをつくることができます。東大では百枝幹雄医師、廣井正彦医師のチームがあたっています。エストロゲン受容体、言い換えれば鍵穴を細胞に人工的に用意して、エストロゲンの働きを測定します。ルシフェラーゼ法と言って蛍の光のように発光させる方法がよく用いられます。

図5―3を見てください。左端のように、何も加えなければ反応はほとんど認められません。ビスフェノールAを一〇ナノ、一〇〇ナノと加えていくと、エストロゲンの働きが徐々に検出されます。量が多くなるほど反応（この場合は光の強度）も強くなるのが分かりますね。

これを化学用語では、用量反応性があると言います。エストロゲンを加えても、同じ反応が得られるのが分かりますか。

少し難しいことを言いますと、エストロゲンの量が一ナノと、ビスフェノールAの量一マイクロ（一〇〇〇ナノ）で同じ程度の反応が得られるので、エストロゲンがビスフェノールAより千倍強いと言うこともできます。このシステムで測ると、ビスフェノールAはエストロゲンの千分の一の強さであるという表現もできます。

図5―3の結果からはもっと面白いことが分かります。右端のビスフェノールAとエストロゲンを同時に加えたものを見てください。足して二倍になると思ったら大間違い。どうなっていますか。

生徒　たしかに足したら二になるところが、それぞれ単独より低くなっています。どういう意味があるのですか。

図5-3　ビスフェノールAのエストロゲン作用と抗エストロゲン作用

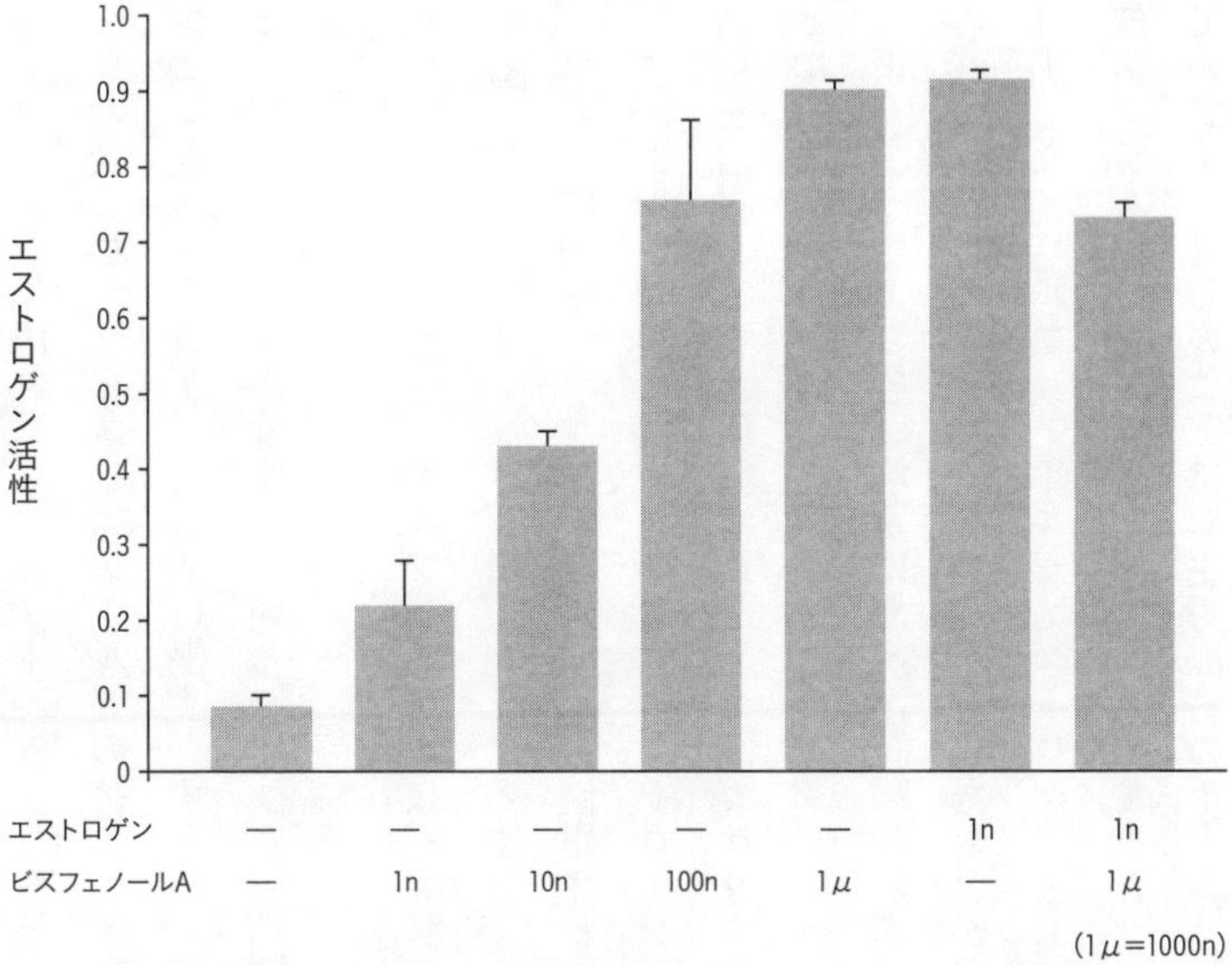

エストロゲンとビスフェノールAを人工的に加えたときのエストロゲン活性を測定した(グラフの左端は何も加えていないときの状態)。エストロゲン1ナノモルの作用は、ビスフェノールAを1000 ナノモル(1マイクロモル)加えたときとほぼ同じで、ビスフェノールAはエストロゲンの1000分の1の強さをもつことになる。エストロゲン1ナノモルとビスフェノールAを1マイクロモル同時に加えると、グラフ右端のように、それぞれを別に加えたときの反応よりもエストロゲン活性が低くなる。これがビスフェノールAの抗エストロゲン作用である。著者らの1999年の報告による。

堤　エストロゲンの作用をビスフェノールAがうち消したと解釈します。これが前にもお話しした、ビスフェノールAの抗エストロゲン作用です。エストロゲンがエストロゲン受容体に働く、すなわち鍵が鍵穴にはまるのを合い鍵ビスフェノールAが邪魔しているのです。三角関係の見本のようでしょう。

さて、次にいきましょう。ノニルフェノールは石油製品の酸化防止剤や腐食防止剤として用いられています。身近なところでは、合成洗剤の界面活性剤の原料やゴムの添加剤、ラップフィルムにも使用されています。

ノニルフェノールが問題になったのは、エストロゲンを加えると増殖する乳ガンの細胞を培養していた研究者が、エストロゲンを加えないのに細胞が増えることに不審をもったのがきっかけです。

そこで、よく調べたところ、培養に使った試験管の素材にノニルフェノールが用いられていたため、乳ガンの細胞が増えたことが分かりました。試験管から溶け出したノニルフェノールがエストロゲンとして働いていたのです。

フタル酸エステルは、塩ビ（塩化ビニル）でできたプラスチック製品に広く使われています。詳しいことは厚生労働省のホームページで見てもらうことにして、二〇〇三年八月から、器具、おもちゃ、容器包装には特定のフタル酸の使用が規制されました。

塩ビ手袋で食品を触ると大量のフタル酸エステルが付着するために、食品に直接触れることも規制の対象になったことは、記憶に新しいことと思います。

ビスフェノールA、ノニルフェノール、フタル酸エステルは、それぞれ何十万トンという量が毎年生産されていますが、エストロゲンの働きを攪乱することが分かっています。

生徒　環境ホルモンは、体内に蓄積されやすいと言っていましたが、いま伺った三種類の化学物質がさまざまな製品（しかも日用品）に応用されているとなると、もし大量に身体に溜まったら大変ですね。

堤　大事な点です。いま述べた三種類は合成された化学物質ですが、塩素を含みません。芳香族(ほうこうぞく)化合物と言います。幸い体内で代謝され、尿や便等に排出されます。とは言え、相当な量が摂取されますし、先に述べました複合汚染の恐れもありますので、問題がないわけではありません。

また別の見方もできます。先にも話しましたが、乳ガン等のエストロゲン依存性疾患や更年期の治療に、エストロゲン作用をうち消す抗エストロゲン剤や、逆にエストロゲン作用のあるエストロゲン製剤、これらがよく用いられます。その多くがSERMと呼ばれエストロゲン受容体に作用します。

タモキシフェン（商品名「ノルバデックスD」アストラゼネカ社）は、乳ガンの治療薬で、SERMを抗エストロゲン剤として使用した例と言うことができます。

タモキシフェンで興味深いのは、乳腺・乳ガンの細胞には抗エストロゲン作用を発揮し乳房は縮みますが、子宮に対してはエストロゲン作用を示すことがあります。子宮内膜が厚くなり、出血で困ることさえあります。

生徒　え？　同じお薬が同じ人の身体の中でも、乳房と子宮では全く逆に働くというのですか。不思議ですね。どうしてそんなことが起こるのですか。

堤　難しい質問をしてくれますね。私もずいぶん昔になりますが、タモキシフェンを使って乳ガン治療中の方が出血を訴えて外来を受診されたときは、想定外の不思議なことが起こるものだと戸惑いました。

その後エストロゲン作用の研究が進み、エストロゲン受容体も実は二種類あることが分かりました。エストロゲンとエストロゲン受容体が結合した後、共役因子という分子が働くことも最近の研究で明らかになりつつあります。細胞・組織によって共役因子の働きも様々で、鍵と鍵穴だけでは説明できないことが分かってきました。合い鍵にあたるSERMの働きが細胞・組織によって複雑に異なるメカニズムはようやく解明されつつあるのが現状です。

本筋の環境ホルモンに話を戻しましょう。

私は、ビスフェノールAやノニルフェノールもエストロゲン受容体に作用し、その意味ではいまお話ししたSERMの一種と言ってもいいと思います。発想を転換すれば、環境ホルモンも一工夫して、使いようによってはエストロゲン作用を調節する薬になりうるのです。産業界が大きなビジネスチャンスと捉えて研究に参加してもらえば、人類の未来に明るい萌しが生じるでしょう。

生徒　毒と薬は紙一重とも言えますね。エストロゲンの様々な働きに応じて、それをプラスやマイナスに調整するお薬ができればそんないいことはありません。

堤　いいことばかりではありません。表5—3を最後まで見ておきましょう。有機スズは、船底や漁網に海藻や貝が付きにくくするために塗る塗料に含まれているものですが、日本沿岸で見られる巻貝のイボニシのメスにペニスができてしまう雄性化（雄になること＝インポセックス）や、個体数の減少の原因になっていると報告されました。この問題の解明には国立環境研究所の堀口敏宏先生が世界をリードしています。

有機スズ化合物の船舶への使用は、二〇〇一年に「船舶についての有害な防汚方法の管理に関する国際条約」が採択されて禁止されています。

最後にＤＥＳ（ジエチルスチルベステロールという女性ホルモン）ですが、これは薬剤として投与された環境ホルモンが、次世代に悪影響をもたらした例として第四章で詳しくお話ししました。

いま生きている私たちに対して、環境ホルモン問題への警鐘を鳴らした物質ですが、それだけでなく妊娠出産を経て次世代への影響がいまだに続いている、と言えます。人類への教訓だと私は受け止めています。

生徒　最近サプリメントが流行っていて、私も興味を持っています。その中にはホルモン作用をもつものがあると聞いていますが、環境ホルモンとは関係ありませんか。

堤　表には示しませんでしたが、たしかに、植物が作り出し、エストロゲン作用を示す、植物エストロゲンと呼ばれる物質があります。天然に太古から存在するという点で、いままでお話しした環境ホルモンとは異なります。本物のホルモンではなく、人工的な有機塩素（ダイオキシン等）や芳香族化合物（ビスフェノールA等）とも異なり、いわば第三の環境ホルモンとでも言いましょうか。評価は一定ではありませんが、健康食品、代替医療の面からも注目されているので、ここで少しお話ししましょう。

生徒　植物の中に環境ホルモンと同様にエストロゲンのように働くものが含まれているのは不思議に思います。

堤　いや。植物も毒草があったり薬草があったり、いろいろな物質をつくれるわけですから、植物エストロゲンをつくるものがあってもいいでしょう。

実は大豆などに含まれるゲネステインは、フラボノイド類と呼ばれる植物エストロゲンの一種で、日本人の摂取量は多いことが知られています。

日本に限らず、エストロゲンは乳ガンを増やすと言われていますが、「豆腐の摂取量が増えると乳ガンのリスクが減る」という報告もあります。その他大腸ガンが減るという研究もあり、植物エストロゲンがガンの発生を抑える有用な物質だと考えることもできます。

生徒　それでは、植物エストロゲンを多くとることはいいことなのですね。ちょっと待って下さい。植物エストロゲンは環境ホルモンの一種と言うこともできるというお話でしたから、環境ホルモンを摂取したほうがいいという話になりませんか。

堤　話はそう単純ではありません。もう少し聞いてください。植物エストロゲンの存在がクローズアップされたのは、羊とクローバー事件があります。

メス羊が牧草のクローバーを食べて不妊や死産が多くなったのです。食べた羊自身が死んだり、病気になったわけではありません。妊娠しても子どもを生まなくなったのです。

この事件を調べた科学者は、クローバーの中に含まれるクメステロールにエストロゲン作用があることを突き止め、植物エストロゲンはいまで言う内分泌攪乱作用をもつことを確認したのです。

これだけではありません。関連病院での話ですが、五八歳の女性に出血が起こり来院し、調べたところ子宮内膜が厚くなっていることが分かりました。また血中のエストロゲン濃度が高くなっていました。

毎日、ぶどうジュースを大量に飲んでいることが分かり、その中に植物エストロゲンが含まれているのではないか、と疑われました。

そこで、植物エストロゲンに詳しい自治医大の香山不二雄教授に相談し、調べていただきました。ぶどうジュースの中には、レスベラトロールという植物エストロゲンが含まれているので、ぶどうジュースを飲むのをやめたところ出血も止まり子宮も元に戻りました。初診時に見られたエストロゲンの異常な高値は、血中の植物エストロゲンの影響で高い値を示していたということが分かりました。

少量であれば薬になっても、大量摂取を続けると子宮内膜増殖症を発症したり、子宮内膜ガンにもなりかねないのです。

エストロゲンには生きていく上で大事な役割があり、エストロゲン製剤の服用がガンの発生を抑える場合もあれば、ガンの発生を促進することもあるのを忘れてはなりません。

骨粗鬆症(こつそしょうしょう)の治療薬としてよく用いられるイプリフラボン(商品名「オステン」武田薬品)の代謝物は、大豆イソフラボンの一種ダイゼインです。

植物エストロゲンの研究は、うまく使えば植物エストロゲンに様々な効果があることを証明し、健康の増進、病気の予防に応用できることが期待できます。

それ以上に、二面性をもったエストロゲンそのものの働きを、より明らかにしてくれる可能性もあります。その意味でも第三の環境ホルモンとして植物エストロゲンを研究することは大切です。

第六章

環境ホルモンの現在・過去・未来

環境ホルモンの問題点

堤　環境ホルモンについて環境生殖学という視点から考えてきました。再々申し上げているように、私はここで環境ホルモンに対する警鐘を再び鳴らそうというのではありません。最後の第六章では、環境ホルモン問題がどうして生じ、どう受け止めるべきか、いわば「起承」に触れ、その評価をめぐる報道を含めた問題の展開、未来へ向かっての努力や期待という前向きな「転結」をお話ししましょう。まずこの問題は何から始まったかを図6―1にまとめてみました。そもそも環境ホルモンは、千年前はもちろん、百年前には問題にならなかったことです。

現代社会は、何十万という化学物質によって生活が成り立っている、「化学文明」だと言えます。自然界に存在しない物質が環境に出ていくのですから、化学物質による環境汚染が問題になります。その中で環境ホルモンは特別な意味を持っていると思います。

生徒　十八世紀イギリスにはじまる産業革命のころから、大量生産、大量消費が進み、環境汚染の問題は始まっていたわけですね。それにしても、何十億年という地球の歴史や千年単位で見た人類の歴史からすれば、ごく最近にもちあがった問題ということです。

まず、図6―1を説明してください。

堤　ミレニアムという言葉がよく使われましたが、千年前、二千年前を考えると、いまとは文化・文明の質が大きく違いますね。

現代の科学文明を支えている大きな力に化学の進歩があります。種類から言って万ではすまない多種多様な化学物質が、毎年何トン、何十トンと作られ、大量に消費されていきます。化学物質が文明を支え、さらに拡張させてきたというわけです。

化学物質がなければわれわれの生活は成り立たない、と言ってもいいでしょう。後戻りしようというつもりはありませんし、もう後戻りはできません。それと平行して様々な化学物質がわれわれの環境を汚染し、一部は公害問

図6-1　環境ホルモンと人類の未来

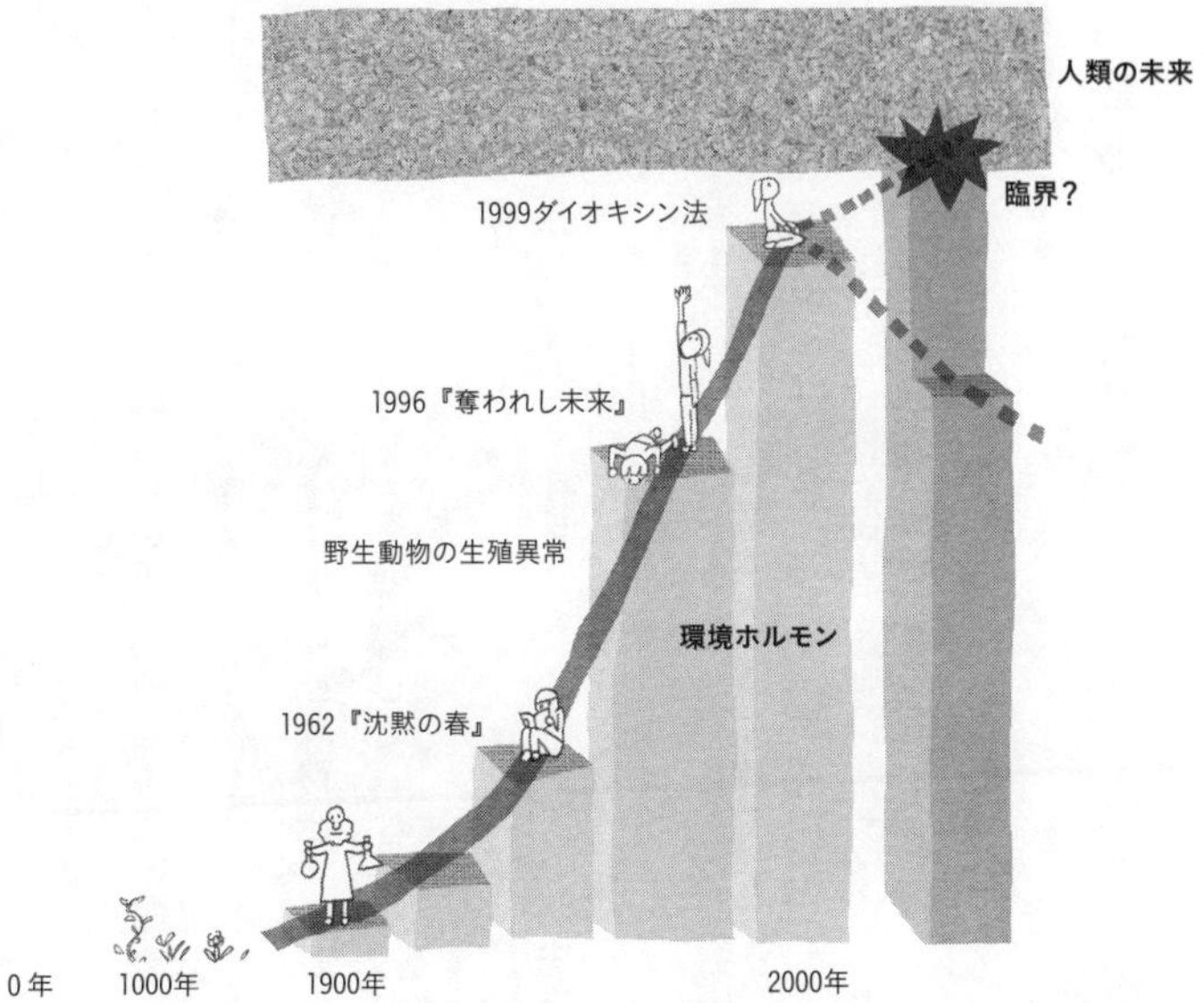

環境ホルモンの蓄積が問題になるのは 1900 年代に入ってからである。1962 年にレイチェル・カーソンが『沈黙の春』で環境ホルモンに警鐘を鳴らし、1996年、シーア・コルボーンらが『奪われし未来』において野生動物の生殖異変が引き起こされていると訴えた。環境ホルモンは世界的に注目を集め、日本でもダイオキシン類対策特別措置法（ダイオキシン法）が成立した。ヒトの生殖異常やエストロゲン依存性疾患増加の原因とも考えられているが、人類への作用はいまだ解明されていない。環境ホルモンが臨界に達して人類の未来を左右することになるのか、今後の対策により、減少して危機は回避されるのか、それともすでにとられている手段が有効で、危機は遠ざかっているのか。

題として被害を与え、やがてその原因が捉えられ、現在では一応の解決をみているると思います。

いま問題になっているのは、化学物質の中には環境ホルモンと言われるものがあり、目に見えない形で環境中に蓄積しつつあるということです。

生徒 図の中に太線で示されているのが環境ホルモンの環境中への蓄積ですね。太線が上がりかけたところに読書している人がいますが、これは何ですか。

堤 『沈黙の春』です。レイチェル・カーソン女史は一九六二年、この本を著し、人間がこのまま化学物質を無制限に使い続けると生態系が乱れ、春が来ても虫の羽音も聞けず、鳥も鳴かなくなる、と環境ホルモン問題に最初の警鐘を鳴らしました。

先見性があっただけに、化学工業業界からは大きな反発があったようです。しかし時の大統領ケネディーの英断で、アメリカではいち早く農薬ＤＤＴの使用は禁止になりました。

次に「野生動物の生殖異変」とありますが、フロリダのワニの雌化はミクロペニスとしてテレビ等でも紹介されましたから、ご記憶かもしれません。

日本近海の巻き貝のオス化はインポセックスとして世界に知られています。その他、魚類、鳥類、ほ乳類、いろいろな動物の生殖異変という形で環境ホルモンの影響が語られはじめました。

生徒　それをまとめたのが、一九九六年のシーア・コルボーンらの『奪われし未来』ですね。世界の多くの国で読まれ、日本でもベストセラーになりましたね。

堤　これがきっかけで、世界的に環境ホルモンの研究が進んだ、とよく言われますが、その前から多くの研究者が取り組んでいたからこそ、『奪われし未来』があったので、環境ホルモン研究の一里塚といったところでしょう。ともあれ、この著作が、環境ホルモンが野生生物の生殖異変をひきおこし、絶滅に瀕している種もあることを示し、全世界に衝撃を与えたのです。

その影響からでしょう、世界中の研究者が環境ホルモンについて研究を行い、さまざまなメディアによって、環境ホルモンが私たちの健康に悪影響を与えている可能性が伝えられました。

中には、近い将来、環境ホルモンが人類を滅ぼすと言う人もいました。この議論の是非については改めて考えますが、世間の注目度、意識が高まったせいで、日本でもダイオキシン類対策特別措置法（ダイオキシン法）が一九九九年に成立しました。これだけではありませんが、現在では環境ホルモンには歯止めをかける努力が実を結びつつあると言っていいでしょう。

ただし、環境ホルモンの困った点は、非常に安定した物質で壊れにくく、いつまでも環境汚染物質として土壌や海底など環境中に残ることです。また、もともと自然界にあったわけではなく、人類が最近作りだしたものなので、体外に押し出したり、壊したりする仕組みが、人間を含めて生物の体に備わっていないのです。

大昔からあるものについては、長い生命の進化の歴史の中で解毒等の仕組みが備わるのですがね。人間だけでなく、地球上の生命が人間の作った環境ホルモンで迷惑しているとも言えます。

生徒　図の中に「臨界」という言葉がありますが、これは何でしょうか。臨界と言うと、一九九九年の茨城県東海村の原子力発電所の事故を思い出しますね。環境ホルモンも臨界に近いということですか。

堤　臨界とは「さかいめにたつこと」です。原子力発電の場合、何重にも核分裂の連鎖が続く臨界状態にならないような管理が、本来はされているはずです。

ところが不幸にしてウラン溶液製造中、バケツから沈殿槽に大量の溶液を投入したために、臨界を超え、多量の放射線が放出されてしまいました。大勢の方が被曝し、作業員お二人が亡くなりました。

人類が環境ホルモン問題ですでに臨界状態に達しているとは思いませんが、野放しにしていたら、いつか臨界を超えてしまうという危機感をもってあたるべき問題であると思います。

他方、環境ホルモンについてよいニュースもあります。ダイオキシン法の効果もあって、日本での環境へのダイオキシン排出量は減っているというニュースにはほっとします。母乳中の濃度も下がってきています。この点に関しては、臨界のずっと手前で、気がついて軌道の修正に成功したと言えるかもしれません。

しかしながら、DESを流産予防薬として使ったことが次世代に影響を与え、発ガン率を高めたことや、北米・五大湖の魚のPCB汚染が母体を通じて子どもの知能発達に悪影響を与えたこと、イタリア・セベソの化学工場爆発事故では、住民がダイオキシン被曝被害を受けたこと等、いわば局地的な臨界事故かもしれませんが、環境ホルモンがヒトの健康に悪影響を与えうることは忘れてはいけません。

環境ホルモン報道

堤　報道に関係する方には耳に馴染まず、申し訳ないのですが、『奪われし未来』に端を発した「環境ホルモン」問題は、「警鐘報道」の陥穽（かんせい）にはまったものだ、「環境問題に熱心なジャーナリスト」はせっせと「社会にとって悪いニュース」（＝「報道にとっていいニュース」）を拾い集め、増幅した、メディアにとって扇情的でなければニュース価値が低い、「危険なこと・危険なもの」だけを取り上げる、なぜなら危険でないことはニュースにならない、等々と評論する方が少なくありません。

生徒　埼玉県所沢のように、風評被害にあわれた方もいらっしゃることも理解はしております。

堤　環境ホルモンの研究者、メディア、評論家の間の緊張関係はあってしかるべきだと思いますが、少し行き過ぎている部分もあるようです。リスクコミュニケーションを考えるときに、製造業界、行政も加わって国民の正しい理解を進めることが急務です。

そもそも「環境ホルモン」という言葉にも論議があります。ホルモンの定義に照らすと、たしかに「環境ホルモン」は化学物質であり、生体が分泌するホルモンとは違い、定義を満たしません。

ホルモンの研究者の中には奇異に感じられる方もいます。私自身、「君まで環境ホルモンと言うのかね」とホルモン研究の大先輩から怪訝（けげん）な顔で言われたことがあります。

生徒　ということは、問題が新しく、環境ホルモンという言葉自体、最近できたのですね。

堤　はい。環境ホルモンという言葉は一九九七年NHKの「サイエンスアイ」という科学番組のなかで、現在は自然科学研究機構の井口泰泉教授とディレクター村松秀氏たちがはじめて使い、その後広く人口に膾炙（かいしゃ）し、九八年には新語・流行語大賞にも輝いたという経緯があります。

環境ホルモンを正確な用語で表すと、「外因性内分泌攪乱化学物質（がいいんせいないぶんぴつかくらん）」となりますが、この問題を広く国民に訴える上では長すぎるし、まるでピンと来ないのではないでしょうか。ぴたりとはまるネーミングがあって、それが真摯な番組制作とあいまって理解が広まった、と言うことができるでしょう。

村松氏の番組を代表とする数々の報道には、科学的に十分実証されていない部分があったという批判もありますが、国民の関心を高め、行政も動かし、研究も振興され、日本を環境ホルモン研究の先進国に導いた功績は大きいものがあります。

生徒　それなのに、何か問題があるのですか。

堤　環境ホルモン問題に冷ややかな目を向ける方々に言わせれば、国民に不安を呼び起こし、必要のない対策費や研究費に無駄な予算を投じた、ということになります。この問題をもう少し考えましょう。

研究者はいつも真剣に自分の研究課題に取り組み、成果を上げるべく努力を傾注します。研究成果は論文としてまず世界の専門家に報告すると同時に、社会に向けても発信する必要があると思います。

科学論文においては、その道で認められた権威のあるレフリーが雑誌掲載の是非を審査します。他方、社会に向けて発信する場合はメディアの力が大きく働きます。

生徒　話の腰を折るようですが、科学者は研究ひとすじで、ときには周囲のことが見えなくなることがありませんか。

堤　いや、正しい指摘かもしれません。環境ホルモンに限りませんが、どんな大きな問題でも実際に研究していることは一つの分子であったり、受容体の働きであったり、あくまで部分的ですから、いつのまにか問題の全貌が見えにくくなる可能性もあるのです。

個々の研究は細分化しているために、環境ホルモン問題全体から見れば、部分的・局所的で、巨大な象の鼻を見たり、足を見たり、尻尾を見ているようなものです。事実が正しくても複数の解釈が成り立ちます。メディアによる増幅も加わることになると、実体の「象」を正確に捉えるのは大変な努力が必要です。

複雑にからみあった事象を解きほぐして推理していくのも科学の醍醐味ですが、実証するのは難しいことも少なくありません。「風が吹けば桶屋が儲かる」風に言えば、「(環境ホルモンのせいで)男性の精子が減れば、不妊症が増えて、その結果子宮内膜症が増える」かもしれないことになります。

実際、男性不妊の方のカップルの女性は、妊娠しないことが原因で子宮内膜症ができると考えられます。しかし、環境ホルモンとの関係は実証されたわけではありません。

また、「(環境ホルモンのせいで) 女性の初経年齢が下がれば、子宮内膜症が増える」かもしれません。どこかでカッコ（前提条件）と「かも」(可能性) が取れて、仮説に過ぎなかったものが断定として一人歩きしたら、問題になります。

生徒　環境ホルモンの研究もそうですが、研究だけでなく、環境ホルモン問題をめぐるリスクコミュニケーションも始まったばかりなのですね。

堤　私はメディアの方々に、基礎的な知識と巨視的な展望を兼ね備えた活躍を期待しています。

ちなみに環境ホルモン問題を批評する方々は大変よく勉強されています。またよく情報を収集されていて、いついつ放送されたテレビ番組のコメンテーターが十分理解しないでコメントした、等ということも正確に指摘されます。言葉尻を捉えられてもという気持ちもしますが、正確な発言を心がけるよう自戒とともに念頭に置いています。

生徒　環境ホルモンの専門家は、ヒトへの影響を含めて問題や懸念があると思うから研究しているのでしょう。それなのに、中にはまだ結論の出ていないことがら、たとえばキレる子どもはもちろん、人類に起こっているよくないことはすべて環境ホルモンのせいだ、環境ホルモンは人類を滅ぼす、という勢いの人までいます。

これらの方々が「左端」とすればその反対の「右端」には環境ホルモンは問題なかった、『奪われし未来』に始まった虚構で一部学者が人心を撹乱しただけだ、と言う人々がいる構図が分かってきました。

先生は研究者として、どちらかと言えば左に軸足を置いておられるのですよね。

堤　産婦人科医として、不妊症や子宮内膜症等の患者さんをみるにつけ、なぜ近年これらの病気が増えているのか、ということを考えます。

現在日本では少子化が進み、このままだと、日本の人口は西暦三〇〇〇年には二七人になると推計されています。少子化は不妊症や子宮内膜症の原因になりますし、不妊症や子宮内膜症が少子化を加速することは事実です。これらと環境ホルモンの関係はいま解明すべきことだと思い、研究に参加しています。

とは言え、お話ししてきたことを振り返っていただければご理解いただけると思いますが、データに忠実に、前向きに行こうというのが自分の姿勢です。データを論文として出すときも、リスクコミュニケーションを考えたときにお話ししたように、正しく理解されるよう努力します。

一緒に仕事をし研究する仲間にも、倒れるときは前に、と言っています。倒れても起きあがって前を向きます。自分にもそう言い聞かせて頑張っています。環境ホルモンの研究は人類の未来のためにもいまやめるわけにはいきません。

環境ホルモンを減らす努力

堤　環境ホルモンを正しく評価し、必要なら削減の努力をしていくことは

当然のことでしょう。情報を公開してリスクコミュニケーションを図るのも大事です。

ただし、ここが悩ましいところですが、不要なもの、有害なものであれば作らない、摂取しないに限りますが、必要以上に神経質になりすぎてもどうでしょうか。

生徒　リスクとベネフィットの釣り合いも大事だということですね。環境ホルモンの環境への汚染・蓄積や人体への摂取を抑えるには、具体的にはどうしたらいいのでしょうか。

堤　二〇〇〇年に施行されたダイオキシン法（ダイオキシン類対策特別措置法）でダイオキシンの環境中への放出量は減りました（その前から減っているという指摘もありましょうが）。どうやって放出量を減らしたかというと、ゴミ焼却の温度を高くしたり、フィルターを取り付けた努力が実ったのです。

しかし日本では一立方メートルあたり八〇ナノグラムを上限としました。しかし、世界水準に比べるとまだまだで、例えばドイツは〇・一ナノグラムですので、八〇〇倍甘い水準と言えます。

生徒　なぜドイツ並みにしないのですか？

堤　リスク評価の上で、そこまで必要ないという結論が出たわけで、それは妥当だと思います。現実的にもドイツ並みにして、日本のゴミ焼却場がみな稼動できなくなっても困ります。

生徒　私たちにも環境ホルモンを減らすためにできることがありますか。

堤　そうです。私たちの市民としての努力も大切だと思います。家庭でも仕事場でもゴミの分別をきちんとしていますか。

この問題に関心を持ちはじめてからですが、自宅でも教授室でも医局でも、ゴミは分けています。ビニールや塩素を含んだ物は燃えないゴミです。分けずに普通のゴミと一緒に燃やせば、燃えなくはないでしょうが、ダイオキシンが発生する率が高くなります。

使用法を正しくすることも大事です。ラップフィルムを直接かけて電子レンジで長時間加熱し、溶け出したものを一緒に食べるのはどうでしょうか。調理の仕方にも工夫が必要です。ダイオキシンの出にくいラップも販売されていますし、そういう企業の努力をもっと認めていいですね。

缶コーヒーの缶からビスフェノールAが溶け出すということが問題になり

ました。最近は、ビスフェノールAが以前ほど溶け出さない缶が開発されて、実用に供されているようです。

以前かなりの濃度が溶出していたことを明らかにしたくないのか、企業秘密なのか、公式な発表はありません。企業は、そういう情報も開示してほしいし、私たちも正確な情報を手に入れるよう努力したいものです。

赤ちゃんの哺乳瓶がポリカーボネートだとビスフェノールAがほんの少々ミルクの中に溶けて出ます。東大では私が気にかける前から、助産師長上野仁子氏の考えでガラス瓶を使っています。気になる場合はより少ないものに変えるのは悪くはないでしょう。

生徒　乳児のおもちゃは大丈夫ですか。子どもはどうしても口にしてしゃぶったりします。

堤　口にする部分には使用を避けたり、玩具のポリカーボネート製の部分からどの程度ビスフェノールAが溶出するかなどがチェックされています。普通に使う分には心配ないでしょう。

子どもは発育の過程にあること。また食事からにせよ何にせよ、子どもは体重が少ない分、同じ量の環境ホルモンを摂取しても、体重あたりにすると相対的には多くなることも知っている必要はあります。

そういう意味もあり、子どもの安全については、国の省庁も配慮しています。自治体でも積極的に取り組んでいるところがあります。以前から東京都は国と協力したり、あるいは独自に都内における環境ホルモン濃度測定等を行なっていました。

それらに基づいて、化学物質が及ぼす子どもへの健康影響を未然に防止し、子どもたちが安心して生活できる環境の実現を目指して東京都独自の「化学物質の子どもガイドライン」(http://www2.kankyo.metro.tokyo.jp/chem/kids/) を策定しています。

生徒　どのような内容なのですか。

堤　ホームページをみると分かりますが、様々な項目が公開されています。たとえば、殺虫剤樹木散布編では、殺虫剤散布に関して意見交換と情報提供、つまりリスクコミュニケーションの勧めがあります。

散布による殺虫剤への子どもの接触を減らすため、「殺虫剤を散布した当日とその翌日は、子どもが散布した植物に近づかないように、周囲(およそ二メートル)への子どもの立ち入りを制限しましょう」などと具体的提案をしています。殺虫剤を散布して測定データをとって、それに基づいて検討しているので説得力があります。

生徒　先ほど子どもは体重が少ない分、同じ食事をとっても環境ホルモンの摂取量は多くなると話されました。離乳食とか幼児の食事はどうでしょう。

堤　大事なところですね。子どもは大人と同じ量食べるわけではありませんが、身体の割には、大人より多く食べることになります。そこを評価するために、体重一キロあたりどれだけとっているかが大事になります。

都のガイドライン食事編では、都内で入手される平均的食材を用いた食事に環境ホルモンがどの程度含まれるかを調査しています。ダイオキシン、ビスフェノールAとノニルフェノールを対象とした測定データが公開されています。

ダイオキシンは、離乳食では低く幼児食はやや高い値でしたが、体重一キロあたり二・五ピコグラムで、基準値の四ピコグラムを下回っていました。

ビスフェノールAについては、「離乳食」では検出されませんでしたが、「幼児食」では体重一キロあたり四・七五ナノグラムが摂取されると推定されています。

ノニルフェノールについても、「離乳食」では検出されず、「幼児食」では体重一キロあたり一四一ナノグラムが摂取されると推定されました。

実際の市販食品を用いた食事モデルで、具体的な数値が分かったことは意味がありますし、子どもの健康に影響を与えるレベルではないと考えられるので一安心です。

ガイドラインでは、日常知っておきたいこと、心がけたいことにもふれています。

生徒　どんなことがありますか。

堤　ガイドラインでは、「調理は、野菜の水洗いなどの下処理を十分におこないましょう」とあります。これは厚生労働省の測定データですが、洗浄によってダイオキシンの量が半減します。食器の取り扱いでも、ポリカーボネート製容器を使用するときは、「洗うときはやわらかいスポンジ等を使用してください」、「洗剤の使用に際しては、取り扱い説明書を確認し、適量を使用してください」(洗浄剤のすすぎが不十分な場合、容器が傷みビスフェノールAの溶出を増やすことがあるという事実に基づく)、「熱湯消毒は三分にとどめてください」といった具体的注意もあります。

生徒　国や都が国民、都民、とくに子どもたちの健康に留意して、いろいろな情報の発信をしているのですね。

堤　環境ホルモン問題には様々な視点があります。都の取り組みにも、批判的意見がないわけではありませんが、データを公開し、それに基づき最大公約数的な見解をまとめたことは、評価していいと思います。

国民の意識が高まり、環境コミュニケーションが実現すれば、自ずから、取るべき態度は分かると思います。情報を得て正しい判断をしていくのも国民、都民の選択です。

生徒　なるほど。その選択に際して、「環境生殖学」が広く理解されることも重要だという先生のお気持ちが察せられます。

できるだけ作らない、取らない努力は分かりました。その次に考えるのは、いったん体に入った化学物質を取り出せないか、ということになりますね。

堤　第一章（ダイオキシンによる大統領暗殺計画？）でお話しした「腸肝循環」を思い出してください。ダイオキシン等の環境ホルモン、とくに有機塩素類は胆汁とともに腸肝循環をしているのでした。腸管内に出たものは、食物中のダイオキシンと一緒に再吸収され、ごく一部が糞便中に排泄されるだけなのです。

それに対して、ダイオキシンの腸肝循環という過程に介入し、再吸収を抑制し、糞便への排泄量を増やしたらいいのではないか、という発想があり、実際、食物繊維と葉緑素を使ったらと言う人もいます。

もっと奇抜な（といっては失礼ですが）アイデアとしては汗に脂肪が含まれるので、毎日いい汗（脂汗？）をかいたらとか、毎日精子を出したらどうかという意見もあります。しかし、試算できないことはありませんが、あまり有効で現実的なものとは思えません。

生徒　現実に近いものとして、コレステロール治療薬とヘルスカーボンのお話を伺いました。

堤　そうです。ヘルスカーボンの材料になる薬用炭は、農薬や睡眠薬等の毒物による急性中毒に対して、強力な吸着剤として作用し、毒物を体外に排出します。誤ってダイオキシンを飲んでしまった場合にも適用されます。

薬用炭は便秘等の副作用が強くて常時摂取することは不可能なので、活性炭とオリゴマンナン、アルギン酸カルシウム等を成分とする高吸着性多孔体ヘルスカーボンが浮かびあがりました。うまくいけば環境ホルモン汚染に対する一つの対抗手段になります。最新のデータでヘルスカーボンを〇・五グラム使った「健康炭エコライフ®」は、水一リットル中のビスフェノールAを九〇％吸着除去することが確認できました。飲料水から環境ホルモンを除去する方法としても使えると思います。

毒か薬か環境ホルモン

堤　もう一つ、体外排出プロジェクトではありませんが、アイデアを紹介します。

ビスフェノールAの話をしました。いろいろな身近なものから溶け出てくることは事実です。実は水道の蛇口をひねって出てくる飲料水からも検出されます。

どうして出てくるかと言えば、河川が汚染されていて、浄水場で取り除いても少しは残ってしまう可能性と、もう一つ、浄水場から蛇口までの途中の水道管が錆びるのを防ぐために、ビスフェノールAを使うのです。

当然ですが厚塗りすると沢山出てくるようです。最大で、一リットル中、七六マイクログラム検出されています。出てくるといっても生命に危険を与える量からみれば、極めて微量で心配には及ばないと思います。

しかし微量であっても、と言うか、微量だからこそ作用するのだという低用量作用のことを考えると馬鹿にもできません。低用量の摂取に危険はないのかどうか、白黒がつくまでは、無理のない範囲で減らせれば減らすことに異議はないと思います。

私の旧友であるIHIトレーディング加藤貢氏からのご教示で、水道の配管には、塩化ビニル鋼管が使用され、配管内部の錆を処置する方法として、ライニング管更正工法といって、配管内の錆を高圧洗浄で落とした後に、エポキシ樹脂を吹き付けコーティングする方法がよく用いられていることを知りました。ビスフェノールAを厚塗りしていることになります。

そうしないですむ方法として、水道管を電気で防錆する（さびを防ぐ）方法があることも最近知りました。

錆は、電位の違いによって生じるのですが、電気防錆法では、微弱な電流を流すことにより、容易に錆の防止ができるようです。この方法は船底の防錆にも用いられますが、フジツボなどの海洋生物の付着も防ぐことができるということなので、錆だけでなく滅菌・殺菌など他にも何か使いようがあると思っています。

生徒　それが先ほどの起承転結の転ですか。

堤　いいえ。これからが、私の一番大事な「毒か薬か環境ホルモン」というメッセージですからよく聞いて下さい。

薬はちょっと量を間違えると人体に毒として働き、医療事故につながります。それどころか、通常量でも副作用で死に至ることさえあります。ＤＥＳという薬が胎児に作用して、次世代で発ガン等を起こした事例もお話ししました。

もっと言えば、人間が生来持っているエストロゲンというホルモン自体が持つ危険性も指摘されます。エストロゲン自体が発ガン物質で、月経周期の度にエストロゲンに曝露されることが、子宮内膜症、子宮体ガン、乳ガンのリスクを上げると言うのです。

生徒　怖い話で、不安を煽(あお)ると言われないでしょうか。

堤　ここで薬が毒なら、逆に毒も薬にならないかという発想の転換をしようというのです。

極端な話、ダイオキシンは量が多いと危険ですが、微量では、エストロゲン作用をもった環境ホルモンとして働くわけです。動物実験で卵巣を摘出すると、骨の量が減りますが、微量のダイオキシンを与えることにより、骨量の減少を抑えることができます。

更年期で骨量が減り、骨粗鬆症（こつそしょうしょう）という病気になる人がいますね。その予防に使えるかもしれない、というのは言い過ぎでしょうが、少なくとも、病態や治療法を考えるヒントにはなります。

生徒　面白いですね。

堤　ダイオキシンにはダイオキシン受容体があるとお話ししました。不思議なことにタバコを吸うと、子宮内膜でダイオキシンの受容体の発現が減ることを、五十嵐敏雄医師が発見しました。

生徒　それはどういう意味をもつのですか。受容体は鍵穴でしたから、受容体が減るとダイオキシンの作用も減るのでしょうか。

堤　すぐ後で私の仮説は申し上げますが、解釈が難しいところです。

もう一つ、喫煙と子宮内膜症や子宮体ガンの発生の相関関係で分かっていることがあります。質問しましょう。タバコを吸う人の、子宮内膜症、子宮体ガンのリスク、つまり病気になりやすいかについてです。どうなると思いますか？

1　子宮内膜症、子宮体ガンともになりやすい。
2　子宮内膜症、子宮体ガンともになりにくい。
3　どちらもかわらない。
4　子宮内膜症は増え、子宮体ガンは減る。
5　子宮内膜症は減り、子宮体ガンは増える。

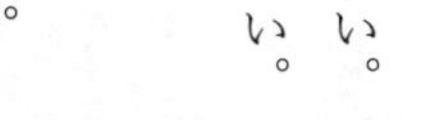

生徒　タバコはよくないに決まっているから1で、子宮内膜症、子宮体ガンは増えるのでしょう。

堤　ところが、正解は2です。喫煙は子宮内膜症、子宮体ガンのリスクを減らします。

生徒　え？　タバコが有害どころか、病気の予防につながるというのですか。毒と薬を間違えたような、変なことを言うものではないと、厳しい批判が飛んできませんか。

堤　もちろん、喫煙を奨めているのではありません。タバコは肺ガンのリスクを上げたり、身体によくないところが多いのはご承知のとおりです。私も吸いませんし、奨めたりしません。ただ、現象を正しく伝えて、科学の心で事実を検証しようと言っているだけです。

二つの事象、つまり、一つは喫煙で子宮内膜のダイオキシンの受容体は減る。同時に、もう一つの事象、喫煙で子宮内膜症、子宮体ガンのリスクは下がる。これをつないでみると、喫煙によってダイオキシンの作用（おそらくエストロゲン作用）が低下して、疾患の発生が予防されると考えられます。

生徒　子宮内膜症、子宮体ガンの成り立ちに関係するとしたら、ダイオキシンの受容体の量を調整することによって、予防や治療にも結びつくかもしれませんね。

堤　はい。先回りをするような鋭い考察で、お株を奪われそうです。次はビスフェノールAを取り上げて考えましょう。

ビスフェノールAにエストロゲン作用があることは、だれもが認めることです。更年期以降ではエストロゲンが枯渇して、補充を必要とする人が少なくありません。いわゆる更年期障害だけでなく、血圧やコレステロールの値が上がり、心臓病や脳血管障害のリスクも高くなります。

エストロゲン製剤を補うといっても、多すぎると逆に子宮内膜ガンのリスクを上げてしまいます。そんな場合にビスフェノールAの類は弱いエストロゲン作用で役に立つかもしれません。

生徒 時と場合と必要性によっては、ビスフェノールAは薬にもなりうるということですね。第五章の最後でもSERMの話をされましたが、一つの例と言えますね。

堤 ビスフェノールAについては、子宮内膜増殖症、子宮体ガンのところでも、血液中の値が低い方がかえってガンと関連する可能性もお話ししました。エストロゲン依存性疾患（エストロゲンによって引き起こされる病気）の診断や治療に結びつけたいところです。

ピル（エチニルエストラジオール）は内分泌を撹乱するエストロゲン製剤だとお話ししました。環境ホルモンと位置づけられても、役に立つなら、薬として使っても悪くないでしょう。

他にもクロミフェン（クロミッド®）という排卵誘発剤や、タモキシフェンという乳ガン等に使う抗ガン剤も、エストロゲン作用を撹乱する環境ホルモンであると言うこともできます。ビスフェノールＡやその他の環境ホルモンかと疑われているものの中から、新薬が生まれても不思議はありません。

生徒　環境ホルモンを研究することによって、私たちの生命というものの理解が拡がり、疾患の解明や新たな創薬にもつながるのですね。

堤　またお株を奪われました。環境ホルモンはあるとかないとかの議論に明け暮れるより、視線を上げればいろいろなもの、その先にあるものが見えてきます。

ドリームチャイルド

堤　聞いた話で定かではありませんが、ノーベル賞に輝く高名な科学者に出会ったハリウッド女優が言ったそうです。「あなたの頭脳と私の美貌や肉体をもった子どもができたらいいですね」。科学者の答えは「私の貧弱な肉体と、あなたの頭脳を持ち合わせた子どもができてもいかがでしょう。その考えはやめましょう」。

生徒　科学者は冷静というか、ちょっぴり皮肉屋ですね。

堤　子どもは、父親と母親から半分ずつ遺伝子をもらいますが、思ったようにばかりはいきません。品種改良のような発想では困るのです。両親からもらう遺伝子について、私が時々する「ウマとロバ」の話は知っていますか。

生徒　いいえ、存じません。

堤　ウマとロバは混血、つまりかけ合わせすることができるのですが、ウマが母でロバが父だとラバが生まれます。ウマが父でロバが母だとケッテイという動物ができます。ラバは粗食に耐えてコツコツとよく働きます。一方ケッテイはものぐさで食べてばかりで、少しも役に立ちません。

まるで寓話のようですが、この話で私が言いたいことは何だと思いますか。

生徒　分かります。ウマとロバから半分ずつ遺伝子をもらっているから、ラバでもケッテイでも同じような混血動物ができそうなのに、その遺伝子が父方由来なのか、母方由来なのかで、まったく違った性質をもった動物になる、ということですね。

それはそれで面白いのですが、そのお話に環境ホルモンが関係してくるのですか。

堤　私との質疑も卒業間近で、とてもいい答えです。父から来るか、母から来るかで、遺伝子の働き具合が違う現象は「インプリンティング」（刷り込み）と言われ、このインプリンティングの仕組みに環境ホルモンが影響している可能性も報告されています。

しかし、最後にこの寓話で言いたかったのは、同じ遺伝子をもっているからといって、人はいつまでも同じヒトでいられるとは限らないということです。

環境ホルモンは、はっきり目に見える形の異常との関係は証明されていませんが、胎児期の被曝が出生後の遺伝子の働きに影響を与えるかもしれません。DESが胎児期に働くことによって遺伝子の働きが変化して、性の分化が障害されたり、出生後にガンができたりした事例があります。

杞憂かもしれませんが、遺伝子の働きに変化が生じれば、人間の性格、ものの考え方がかわるかもしれません。人間が、人間の作り出す環境ホルモンによって変わっていくかもしれないという危惧すらあります。

しかし、人は世に連れて、仮に新しい考え方をする新しい人類が生まれてきても、彼らはそれなりの多様性をもって生き延びるのでしょう。われわれは千年前、二千年前の人々の気持ちや教えをいまも変わらず理解できます。時代や文化が進んでも、人の心は変わりませんでした。われわれの子孫はどうなのでしょう。百年後、千年後の人類のありように思いをめぐらせるのは見はてぬ夢かもしれません。しかし、その行方をいま見極めておくことは、人類の未来への道しるべとして必要だと思うのです。

おわりに

『徒然草』の中に「仁和寺にある法師」の話があります。

仁和寺のある法師が有名な石清水に参拝したことが一度もなく、思い立って一人で出かけました。麓にある末寺末社を拝んで、よいお参りができたと帰ってしまいました。

その法師曰く、「年ごろ思ひつること、果たし侍りぬ。聞きしにも過ぎて、尊くこそおはしけれ。そも、参りたる人ごとに山へ登りしは、何事かありけん、ゆかしかりしかど、神へ参るこそ本意なれと思ひて、山までは見ず。」

現代語訳をお借りすると、「長年思っていたことを、ようやく果たしました。評判以上に尊いお宮でした。それにしても、あの時に、参拝の人たちが皆、山に登って行きましたが、山の上に何事があったのか。気にはなったけれど、神へ参るのが目的なのだと思って、私は山の上までは見物しませんで

したと言ったそうだ。」（三木紀人『徒然草（二）』講談社学術文庫、一九八二年）

本当は石清水は山の上にあるのです。せっかく行ったのに残念！

お話の結論は「先達（せんだつ）はあらまほしきものなり」、つまり「案内者は持ちたいものである」というのです。

吉田兼好の原意とは少し違っているかもしれませんが、われわれは環境ホルモン問題という山の麓（ふもと）にいるのだと思います。雑音に耳をかさず、黙々と登られている研究者もいるのかもしれません。われわれも石清水を見届けるように山に向かいましょう。

そう思うと、逆風に見える辛口の評論も、実は先達の声の裏返しかもしれません。この『環境生殖学入門』がこれからこの問題に取り組む人たちの道しるべになれば、望外の幸せです。

＊　＊　＊

人は限りのある存在で、生まれてきていつか老いて死にます。人生の終わりに臨んで、自分が何をなそうとして何をなしたかを思うとき、人様々な思いがあるでしょう。

私は、子をもつことは、限りある生命のリセットであり、「生のつながり」であり、人間にとって一番大事なことの一つだと思います。生殖医療の適用や応用範囲は論議のあるところですが、子をもつことは人間の基本的人権の一つとして数えてよいものと考えて、取り組んでいます。

環境ホルモンという未知の物質との遭遇では、普通の暮らしをしている分には、私たちが直ちに死に至るようなことはありません。

しかし、成人のみならず、胎児やさらに遡(さかのぼ)って精子や卵子までもが、環境ホルモンと呼ばれる様々な物質に汚染されている事実は、「生のつながり」、次世代に環境ホルモンが持ち越されるということです。影響がどのようなものなのか、まだ推し量ることができない段階とは言え、過小評価すべきではありません。

盛んに耳にするようになった「リスク評価」はとても大切な概念です。妊婦さんの診察にあたっていますと、例えば風邪等で体調をくずし、薬を飲んでもらった方がよいかと考える場面があります。

ＤＥＳは論外としても、胎児へのリスクが高く妊娠中に処方してはいけない薬はあり、もちろんそういう薬は処方しません。風邪薬の類は、リスクはかなり低いが全くないとは言い切れないものがあります。

薬の効用と極めて低いリスクを秤（はかり）にかけ、患者さんに説明するわけですが、患者さんは胎児へのリスクを避けて薬を飲むのを我慢することが少なくありません。

妊婦さんが秤のバランスを赤ちゃんへの安全性に置き、自分は辛くとも我慢しようという気持ちは理解できます。妊婦さんの状態を観察し、よほどでなければ、無理に薬を勧めることはありません。

ひるがえって、環境ホルモンの妊娠中の摂取はどうでしょう。従来の毒性学からみた安全性で考えれば、妊婦さん自身の健康という意味では、問題がないと言えるでしょう。

環境ホルモンが胎児へ移行し、場合によっては濃縮すること、胎児は成人に比較して感受性が高いこと、動物実験等からは低用量で作用がありうること、これらを考えあわせると、決して安心していてよい、検討の必要に値しない問題とは考えられません。

現在、世界で生じている様々な悲惨や不如意や課題――天災、戦争、貧困、失業、感染症、多くの政治経済的な難題などなど――これらの解決は火急を要し、環境ホルモンの潜在的な危険性と秤にかけるわけにはいかないかもしれません。

しかし、限りのある人的・予算的なリソースの中で、科学的なファクトに基づきながら、環境ホルモンが示す生命の未知の問題に真剣に取り組むことの重要性も認識していただきたいのです。それにより、後に続く世代への責任の一端も果たせましょうし、思わぬ研究の副産物が吉報となる可能性もあると思います。

これは、環境生殖学が目指すところでもありますが、人類の叡知が発揮されれば、環境ホルモン問題は、生命の仕組みの理解や疾患の治療・創薬（治療薬の開発）への糸口を提供する可能性があるのです。

他方、現代に生きるわれわれが環境ホルモンのもつ危険性を見逃してしまえば、人類の近い未来に災いを招くことになることも容易に想像されます。データの一つ一つが語りかけている真実に耳を傾ければ、「環境ホルモン問題は虚構だ」などという言葉は易々とは出てきません。いま、環境ホルモン問題（研究も議論も）が逆風にさらされ、取り組み自体が批判されている風潮も一部にあるので、あえてそう申し上げておきます。

環境ホルモン問題が虚構であるか否かは歴史が証明するでしょうが、そのときになってから対応しようにも、もはや手遅れかもしれない、ということが環境ホルモンのむずかしさです。

＊　＊　＊

大勢の日本の研究者が環境ホルモン研究に真摯に取り組み、大きな成果を挙げています。ここでは、私が共同研究をさせてもらった研究協力者の方々をご紹介いたします。

東京大学産科婦人科学教室では、武谷雄二教授、加藤賢朗、小島俊行、矢野哲、竹内亨、西井修、百枝幹雄、大須賀穣、亀井良政、藤原敏博、木戸道子、岡垣竜吾、上地博人、五十嵐敏雄、末永昭彦、丸山正統、高井泰、池田誠、廣井久彦、藤本晃久、松見泰宇、福岡佳代、石山巧、上村拓、土屋富士子、難波聡、和田修、黒澤貴子、甲賀かをり、石川智子、吉野修、阿部一樹、

今関治子、氣賀澤和子、許継平、鈴木芳枝、中村直仁、生月弓子学兄姉をはじめとする同僚、先輩の方々にご協力いただきました。

産科婦人科学教室以外の東京大学学内では、肝胆膵移植外科幕内雅敏教授、高山忠利先生（現日本大学教授）、今村宏先生、精神神経科加藤進昌教授、検査部遠藤久子先生、老年病科井上聡先生方と協力して研究を進めました。

また、筑波大学山田信博教授、千葉大学森千里教授、自治医科大学香山不二雄教授、徳島大学関沢純教授、国立環境研究所遠山千春（現東京大学教授）、曽根秀子、米元純三、橋本俊次、宮原裕一、森田昌敏先生、ガン研究会乳腺外科霞富士雄部長、吉本賢隆副部長（現国際福祉大学教授）、大塚アッセイ研究所臼杵靖晃氏、コスミックコーポレーション久保田徹氏、エスアールエル寺岡雅之氏、三菱化学ビーシーエル栗本文彦氏、東京バイテク研究所青柳重郎博士、エコライフ社故木下義盛氏、高橋親法氏、ＩＨＩトレーディング遠藤育雄氏、旧友加藤貢氏をはじめとする学外の方々との研究やご協力の賜でもあります。

主要な成果は西江由紀子秘書の協力で巻末の業績集にまとめました。

環境ホルモン学会（正式名「日本内分泌撹乱化学物質学会」、森田昌敏理事長）は、内分泌撹乱化学物質（環境ホルモン）の研究に関する情報交換や成果の発表の場として、一九九八年六月に発足した学会です（http://www.soc.nii.ac.jp/jsedr/）。

初代理事長鈴木継美先生はじめ、大勢の先輩方からご指導を賜りましたことに、この場を借りて厚く御礼申し上げます。

環境ホルモン問題に着目するメディア関係者からは、逆取材的に、ご意見等をいただき、研究者とは別の視点を参考にさせていただきました。

フジテレビアナウンス室田代尚子様には、冒頭で触れた研究展開へのきっかけをいただき、日本テレビ報道局宇野裕美様には番組で対談の機会を与えていただき、コルボーン氏と知己を得ました。日本経済新聞社論説委員渡辺俊介様、読売新聞館林牧子様、本間雅江様をはじめ、ご助言をいただいたメディア関係者の皆々様に謝意を表させていただきます。

研究に用いた各種臨床検体は患者さんの研究に対するご理解とご協力があったればこそです。心より感謝いたします。

本書のもう一人の登場人物、私の繰り出す難しい質問にてきぱき答えてくれて、こちらがなるほどと思ったり、ドキッとするような質問をしてくれたり、時には励ましてくれた「生徒」さんについて紹介しておきましょう。三十代の女性で女のお子さんをお持ちです。環境ホルモン問題には以前から興味を持ち、私の講演もお聞きいただいたことがありました。本書を執筆するにあたりご協力いただくことができました。私からの質問への回答、また私に対する鋭い質問やコメントが、本書の内容をより深く、分かりやすいものにしてくれたと思います。ご協力に深く感謝いたします。

＊　＊　＊

『環境生殖学』などと大それた名前をつけて本書を書いてまいりました。私は三〇年にわたり産婦人科医として患者様を診てきましたので、生殖医学の研究にも携わり、体外受精治療の発達や、それを支え伸ばす医学の急速な発展も目にしてきました。

その間、と言ってもこの一〇年に足らない短い間ですが、環境ホルモンの存在を知り、環境がわれわれの生命・生活に大きな影響を与えることを改めて認識しました。勉強するにつれ、また、わずかながら自分たちのデータを手にするにつれ、環境と生殖のつながりや生殖医学の視点から環境ホルモン問題を深く研究する必要を感じました。

環境生殖学は生命の仕組みや生殖異常のみならず、生殖に関係しない疾患の解明にも役立ち、未来においては創薬におけるブレークスルーをもたらすことも期待できます。

とは言え、まだ始まったばかりの環境生殖学ですから、本書にはさらに突き詰めてから公表すべき内容も含まれています。私の勉強の足らないことも多いかと存じます。「先達」の方、若い研究者で疑問を持った方など、多くの皆様からご指摘・ご教示いただければ幸いです。

ご意見を頂戴できれば私のホームページ（www.dr-tsutsumi.jp）に環境生殖学のページを作り、必要な訂正やディスカッションを公開させていただきたいと思います。

最後に本書が生まれる上で朝日出版社、赤井茂樹様、鈴木久仁子様に大変大きなお力添えをいただきました。拙著『授かる――不妊治療と子どもをもつこと』(朝日出版社)で一部取り上げた環境ホルモンに興味をもたれ、本書でも貴重なご意見、ご鞭撻をいただいたことに深謝いたします。

二〇〇五年三月十日

堤 治

環境ホルモン情報リンク集

環境ホルモン学会 (日本内分泌撹乱化学物質学会)	http://www.soc.nii.ac.jp/jsedr/
環境省	http://www.env.go.jp/
化学物質の内分泌かく乱作用に関するホームページ	http://www.env.go.jp/chemi/end/
厚生労働省	http://www.mhlw.go.jp
内分泌かく乱化学物質ホームページ	http://www.nihs.go.jp/edc/edc.html
内分泌かく乱化学物質の科学的現状に関する全地球規模での評価	http://www.nihs.go.jp/edc/global-doc/index.html
産業技術総合研究所	http://www.aist.go.jp/index_ja.html
東京都環境局	http://www.kankyo.metro.tokyo.jp/

参考文献

Herbst AL, Scully RE, Robboy SJ: The significance of adenosis and clear-cell adenocarcinoma of the genital tract in young females. *Journal of Reproductive Medicine* 15: 5-11, 1975

Jacobson JL, Jacobson SW, Humphrey HE: Effects of in utero exposure to polychlorinated biphenyls and related contaminants on cognitive functioning in young children. *Journal of Pediatrics* 116: 38-45, 1990

Matsushima N, Sogawa K, ***et al.***: A factor binding to the xenobiotic responsive element (XRE) of P-4501A1gene consists of at least two helix-loop-helix proteins. *Journal of Biological Chemistry* 268: 21002-21006, 1993

Corborn T, Dumanoski D, Myers JP: *Our Stolen Future*. Dutton, New York, 1996
(邦訳『奪われし未来』翔泳社)

Howdeshell KL, Hotchkiss AK, ***et al.***: Exposure to bisphenol A advances puberty. *Nature* 401: 763-764, 1999

Ohtake F, Takeyama K, ***et al.***: Modulation of oestrogen receptor signaling by association with the activated dioxin receptor. *Nature* 423: 545-550, 2003

図版出典

図 2-1　精子数の減少(p. 75)
Carlsen E, Giwercman A, ***et al.***: Evidence for decreasing quality of semen during past 50 years. ***BMJ*** 305(6854): 610, Fig 1, 1992

図 3-4　アカゲザルの子宮内膜症(p. 121)
Rier SE, Martin DC, ***et al.***: Endometriosis in rhesus monkeys (Macaca mulatta) following chronic exposure to 2, 3, 7, 8-tetrachlorodibenzo-p-dioxin. *Fundamental and Applied Toxicology* 21: 435, Table 2, 1993

表 3-1　セベソ住民のダイオキシン負荷量と子宮内膜症発現頻度 (p. 132)
Eskenazi B, Mocarelli P, ***et al.***: Serum dioxin concentrations and endometriosis: a cohort study in Seveso, Italy. *Environmental Health Perspectives* 110(7): 631, Table 1, 2002

表 4-1　ダイオキシン被曝住民から生まれた子どもの性比 (p. 156)
Mocarelli P, Gerthoux PM, ***et al.***: Paternal concentrations of dioxin and sex ratio of offspring. ***Lancet*** 355(9218): 1860, Table 1, 2000

events. *Journal of Clinical Endocrinology and Metabolism* 90(2): 1144-8
4. Hirata T, Osuga Y, *et al.*: Evidence for the presence of toll-like receptor 4 system in the human endometrium. *Journal of Clinical Endocrinology and Metabolism* 90(1): 548-56
5. Koga K, Osuga Y, *et al.*: Elevatedinterleukin-16 levels in the peritoneal fluid of women with endometriosis may be a mechanism for inflammatory reactions associated with endometriosis. *Fertility and Sterility* 83(4): 878-82
6. Hirota T, Osuga Y, *et al.*: Development of an experimental medel of endometriosis using mice that ubiquitously express green fluorescent protein. *Human Reproduction* (in press)
7. Hirota Y, Osuga Y, *et al.*: Possible involvement of thrombin / protease-activator receptor 1 (PAR 1) system in the pathogenesis of endometriosis. *Journal of Clinical Endocrinology and Metabolism* (in press)
8. Todaka E, Sakurai K, *et al.*: Fetal exposure to phytoestrogens-the difference in phytoestrogen status between mother and fetus. *Environmental Research* (in press)

邦文

1. 堤 治: 第25号座談会 産婦人科内視鏡下手術とその技術認定について『Clinical Ob-Gyne』19(1): 3-7 メディカルレビュー社
2. 堤 治: 腹腔鏡下手術の合併症とその予防対策『産婦人科の実際／腹腔鏡』54(1): 1-8 金原出版
3. 堤 治: 日本受精着床学会倫理委員会の活動—死後生殖と減数手術について『産婦人科の世界／特集 ART FORUM 04』51-57 医学の世界社
4. 堤 治: 生活環境問題 環境汚染と環境ホルモン『助産学大系 6 母子の健康・生活科学 第3版』50-66 日本看護協会出版社
5. 堤 治: 性決定遺伝子の異常XY女性『産婦人科の実際／特集 性分化異常の診療』(印刷中)
6. 堤 治: 性分化異常の診断基準・病型分類『内科／特集 内科疾患の診断基準・病型分類・重症度』95(6) (印刷中)
7. 堤 治: 多嚢胞性卵巣症候群『内科 特集 内科疾患の診断基準・病型分類・重症度』95(6) (印刷中)

学会発表

1. 堤 治: 腹腔鏡下手術の教育・トレーニング・技術認定 徳島内視鏡研究会 5月14日 徳島
2. Tsutsumi O: Low dose effects of bisphenol A during preimplantation period on preimplantation, and postnatal development in mice. 13th World Congress on In Vitro Fertilization May 28th Istambul TURKY
3. Tsutsumi O: Stimulatory effect of epidermal growth factor on glucose incorporation, into embryos during preimplantation development in mice. 13th World Congress on In Vitro Fertilization May 29th Istambul TURKY
4. 堤 治: 初期胚発育等を用いた環境ホルモン評価法 第15回環境ホルモン学会講演会 6月2日 東京

その他

1. 堤 治、他編著:『系統看護学講座／専門24 母性看護学概論』医学書院
2. 堤 治、他編著:『系統看護学講座／専門25 母性看護学各論』医学書院

of a single nucleotide polymorphism in the secreted frizzled-related protein 4(sfrp4)gene with bone mineral density. *Geriatrics and Gerontology International* (4): 175-180

邦文

1. 堤 治: ヒトを含む哺乳類の生殖機能への影響『現代化学／内分泌攪乱物質——どこまでわかったか(6)』398(5): 64-68 東京化学同人

2. 堤 治: 男は不要? 卵子だけからマウス誕生『現代化学／医学・遺伝子工学』400(7): 10-11 東京化学同人

3. 堤 治: 巨大子宮筋腫核出の低侵襲手術: GnRHaとLAM『生殖医療のコツと落とし穴』192-193 中山書店

4. 堤 治: 腹腔鏡検査・手術のインフォームドコンセント『生殖医療のコツと落とし穴』212-213 中山書店

5. 堤 治: 性腺機能低下症『今日の治療と看護／内分泌・代謝疾患 改訂2版』600-601 南光堂

6. 堤 治: 生殖補助技術の展望 環境ホルモンと生殖補助医療『産婦人科の世界／特集 生殖補助医療マニュアル』56 増刊号: 320-327 医学の世界社

7. 堤 治:『治療薬マニュアル2004』医学書院 (CD-ROM)

8. 堤 治: 日本産科婦人科内視鏡学会の腹腔鏡下手術のトレーニング『日本内視鏡外科学会雑誌／特集 各科における内視鏡下手術のトレーニング』9(3): 282-283 日本内視鏡外科学会

9. 堤 治: 副腎、生殖腺の発生・分化 内分泌攪乱物質とヒトの生殖機能『ホルモンと臨床／ステロイドホルモン研究の進歩2003』52 増刊号: 126-131 医学の世界社

10. 堤 治: 性分化異常『NEW産婦人科学 改訂2版』81-88 南光堂

学会発表

1. Tsutsumi O: Assessment of human contamination of estrogenic endocrine-disrupting chemicals and their risk for human reproduction. 16th International Symposium of The Journal of Steroid Biochemistry & Molecular Biology. Jun. 8th Seefeld, Tyrol, AUSTRIA

2. 堤 治: 周生期内分泌における新展開: 性腺の発生・分化と性分化— 性分化異常の診断と治療 第77回日本内分泌学会・総合・領域別シンポジウム 6月24日 京都

3. 堤 治: 子宮内膜症の診断と治療—症状・診断・治療・腹腔鏡下手術を中心に— 第53期 日本針灸師会学術講演会 6月2日 東京

4. 堤 治: 特別講演 性分化とその異常 第7回東北性ホルモン研究会 9月18日 仙台

5. 堤 治: 気なる女性の病気—子宮と卵巣—レディース健康セミナー 戸田市立医療保健センター 11月9日 埼玉

6. 堤 治: 境ホルモンと人類の未来 第22回環境生命医学特別セミナー 千葉大学医学部 11月12日 千葉

その他

堤 治:『授かる—不妊治療と子どもをもつこと』朝日出版社

2005年

英文

1. Tsutsumi O: Assessment of human contamination of estrogenic endocrine-disrupting chemicals and their risk for human reproduction. *Journal of Steroid Biochemistry and Molecular Biology* 93(2-5): 325-30

2. Osuga Y, Hayashi K, *et al.*: Dysmenorrhea in Japanese women. *International Journal of Gynecology and Obstetrics* 88(1): 82-3

3. Harada M, Osuga Y, *et al.*: Mechanical stretch stimulates interleukin-8 production in endometrial stromal cells: possible implications in endometrium-related

8. 堤 治:『研修ノート 71 内視鏡下手術』日本産婦人科医会
9. 堤 治: 序文『ホルモンと臨床/特集 エストロゲン依存症 疾患とそのホルモン療法』
10. 堤 治: 産婦人科内視鏡サージカルトレーニング 腹腔鏡『日本産婦人科学会雑誌/生涯研修プログラム・卒後研修プログラム』55(9): 193-196 日本産婦人科学会

学会発表

1. 堤 治: 環境ホルモンと生殖医療 第二回産婦人科臨床課題研究会 1月31日 大阪
2. 堤 治: 環境ホルモンと生殖医療 第一回日研セミナー 2月8日 福岡
3. 堤 治: 内分泌攪乱物質の次世代影響 小児等の環境保健に関する国際セミナー 3月11日 東京国際フォーラム 3月13日 大阪
4. 堤 治: 内分泌攪乱問題と21世紀の医学 内分泌攪乱と女性生殖機能 第26回日本医学会総会 4月6日 福岡
5. 堤 治: 産婦人科内視鏡サージカルトレーニング 腹腔鏡 生涯研修プログラム 4月12日 福岡
6. 堤 治: 婦人科疾患シリーズ 子宮癌と卵巣癌 (社)日本鍼灸師会 4月27日 東京
7. 堤 治: 子宮内膜症治療——最近の話題 第11回福島県GnRH研究会 9月5日 郡山

2004年

英文

1. Harada M, Osuga Y, *et al.*: Concentration of osteoprotegerin (OPG) in peritoneal fluid is increased in women with endometriosis. *Human Reproduction*: 2188-2191
2. Takeuchi T, Tsutsumi O, *et al.*: Positive relationship between androgen and the endocrine disruptor, bisphenol A, in normal women and women with ovarian dysfunction. *Endocrine Journal* 51(2): 165-9
3. Koga K, Osuga Y, *et al.*: Evidence for the presence of angiogenin in human testis. *Journal of Andrology* 25(3): 369-74
4. Kuramochi K, Osuga Y, *et al.*: Usefulness of epidural anesthesia in gynecologic laparoscopic surgery for infertility in comparison to general anesthesia. *Surgical Endoscopy* 18(5): 847-51
5. Fujita M, Urano T, *et al.*: Association of a single nucleotide polymorphism in the secreted frizzled-related protein 4(sFRP4)gene with bone mineral density. *Geriatrics and Gerontology International* 4: 175-180
6. Takeuchi T, Tsutsumi O, *et al.*: Gender difference in serum bisphenol A levels mey be caused by liver upd-glucuronosyltransferase activity in rats. *Biochemical and Biophysical Research Communications*: 549-554
7. Hiroi H, Tsutsumi O, *et al.*: Differences in serum bisphenol A concentrations in premenopausal normal women and women with endometrial hyperplasia. *Endocrine Journal* 51(6): 595-600
8. Hirota Y, Osuga Y, *et al.*: Evidence for the presence of protease-activated receptor 2 (PAR2) and its possible implication in remodeling of human endometrium. *Journal of Clinical Endocrinology and Metabolism* 90(3):1662-9
9. Yoshino O, Osuga Y, *et al.*: Possible pathophysiological roles of mitogen-activated protein kinases (MAPKs) in endometriosis. *American Journal of Reproductive Immunology* 52(5): 306-11
10. Kawana K, Nakayama M, *et al.*: Differential clinical manifestations of congenital cytomegalovirus infection between dizygotic twins: a case report. *American Journal of Perinatology* 21(7): 383-6
11. Fujita M, Urano T, *et al.*: Association

その他

1. 堤 治:『出産・産後大全科』主婦の友社
2. 堤 治:『不妊体験——38人の心の軌跡』婦人生活社
3. 堤 治:『新版 生殖医療のすべて』丸善

2003年

英文

1. Yoshino O, Osuga Y, *et al.*: Akt as a possible intracellular mediator for decidualization in human endometrial stromal cells. *Molecular Human Reproduction* 9(5): 265-269
2. Koga K, Osuga Y, *et al.*: Elevated serum soluble vascular endothelial growth factor receptor 1 (sVEGFR-1) levels in women with preeclampsia. *Journal of Clinical Endocrinology and Metabolism* 88(5): 2348-2351
3. Yoshino O, Osuga Y, *et al.*: Endometrial stromal cells undergoing decidualization down-regulate their properties to produce proinflammatory cytokines in response to interleukin-1beta via reduced p38 mitogen-activated protein kinase phosphorylation. *Journal of Clinical Endocrinology and Metabolism* 88(5): 2236-2241
4. Koga K, Osuga Y, *et al.*: Characteristic images of deeply infiltrating rectosigmoid endometriosis on transvaginal and transrectal ultrasonography. *Human Reproduction* 18(6): 1328-33
5. Hirota Y, Osuga Y, *et al.*: Possible roles of thrombin-induced activation of protease-activated receptor 1 in human luteinized granulose cells. *Journal of Clinical Endocrinology and metabolism* 88(8): 3952-3957
6. Yoshino O, Osuga Y, *et al.*: Concentrations of interferon-gamma-induced protein-10 (IP-10), an antiangiogenic substance, are decreased in peritoneal fluid of women with advanced endometriosis. *American Journal of Reproductive Immunology* 50(1): 60-5
7. Kawana K, Yasugi T, *et al.*: Safety and immunogenicity of a peptide containing the cross-neutralization epitope of HPV16 L2 administered nasally in healthy volunteers. *Vaccine* 21(27-28): 4256-60
8. Yoshino O, Osuga Y, *et al.*: Upregulation of interleukin-8 by hypozia in human ovaries. *American Journal of Reproductive Immunology* 50: 286-290
9. Namba A, Nakagawa S, *et al.*: Ovarian choriocarcinoma arising from partial mole as evidenced by deoxyribonucleic acid microsatellite analysis. *Obstetrics and Gynecology* 102: 991-4

邦文

1. 堤 治: 子宮内膜症『医師・薬剤師のためのマニュアル 疾患と治療薬／妊娠と婦人疾患と治療薬 改訂第5版』776-777 南江堂
2. 堤 治: 膣欠損症手術『産科と婦人科／産婦人科手術療法マニュアル』70 増刊号: 319-323 診断と治療社
3. 堤 治: 日本産科婦人科内視鏡学会における技術認定『日本内視鏡外科学会雑誌／内視鏡外科手術における技術認定』8(2): 122-125 日本内視鏡外科学会
4. 堤 治: 不妊治療の最前線『第七回日研シンポジウム記録集 環境ホルモンと生殖医療』6-13 メディカルレビュー社
5. 堤 治: 内分泌攪乱物質と女性生殖機能『第26回日本医学会総会会誌』
6. 堤 治: 子宮筋腫の手術療法—開腹か腹腔鏡下手術か—『Hormone Frontier in Gynecology／特集 子宮筋腫』10(2): 37-41 メディカルレビュー社
7. 堤 治: 症候から診断・治療へ 遅発月経・原発性無月経『産科と婦人科』70(11) 特大号: 1454-1457 診断と治療社

り『現代医療』34(5): 1160-1161 現代医療社

10. 堤 治: 子宮内膜症と内分泌攪乱物質『産婦人科の世界/特集 子宮内膜症をどう扱うか』54(7): 743-751 医学の世界社

11. 堤 治: 環境ホルモンと母性衛生『東京母性衛生学会誌』18(1): 19-25

12. 堤 治: 環境ホルモンと人類の未来『日本不妊学会雑誌』47(2. 3): 6 日本不妊学会雑誌

13. 堤 治: 婦人科検査マニュアル——データの読み方から評価まで『臨床婦人科産科』56(7): 7 医学書院

14. 堤 治: 子宮内膜症 卵巣のう腫『女性の医学/治療はここまで進んでいる』100-106, 116-121 中央公論社

15. 堤 治: 環境ホルモンと人類の未来『産婦人科の世界/特集 生殖医学の新展開』54(11): 11 医学の世界社

学会発表

1. 堤 治: ヒト胚及び卵胞液中などにおける影響物質の分析 環境中複合化学物質による次世代影響リスクの評価とリスク対応支援研究 研究報告会 1月23日 京都

2. 堤 治: 環境ホルモンと生殖医療 1月19日 東京

3. 堤 治: 子宮内膜症治療の最近の話題 岩手GnRH研究会 2月2日 盛岡

4. 堤 治: Endocrine disrupors and reproductive medicine. 日韓中三国医学部シンポジウム 2月15日 東京

5. 堤 治: 環境ホルモンと人類の未来 第125回日本不妊学会関東地方部会 2月16日 東京

6. Tsutsumi O: Endometriosis and dioxins: What is the connection? 8th World Congress of Endometriosis Feb. 24th San Diego USA

7. 堤 治: 内分泌攪乱物質とヒトの生殖機能 第19回信州内分泌談話会 3月16日 松本

8. 堤 治: 婦人科領域における腹腔鏡下手術とそのday surgery化 第6回 群馬Day Surgery研究会 3月28日 前橋

9. 堤 治: 環境ホルモンとヒトの生殖機能 平成14年度日産婦山梨地方部会総会・山梨県産婦人科医会総会 4月13日 山梨

10. 堤 治: 環境ホルモンと生殖整理 第75回日本内分泌学会学術集会 サテライトシンポジウム 6月29日 大阪

11. 堤 治: 子宮内膜症の最近の話題 第8回宮城GnRH研究会 7月3日 仙台

12. 堤 治: 生殖医療と環境ホルモン 松下電器松仁会特別講演 7月12日 川崎

13. 堤 治: 産婦人科領域の内視鏡手術の現況と将来 徳島産婦人科学術講演会 7月13日 徳島

14. 堤 治: 環境ホルモンと生殖医療 福岡市中央区医師会学術講演会 8月6日 福岡

15. 堤 治: 内視鏡手術は本当にBeneficialか? 第15回日本内視鏡外科学会総会 9月東京

16. 堤 治: 環境ホルモンの研究の行方 第4回日本不妊学会ランチョンセミナー 10月4日 岐阜

17. 堤 治: Eds in human reproduction 国際ホルモンステロイド・ホルモンと癌学会 10月24日 福岡

18. 堤 治: 内分泌攪乱物質いわゆる環境ホルモン 第13回東京成長ホルモン・成長因子セミナー 11月8日 東京

19. 堤 治: 環境ホルモンと生殖医療 第49回昭和医学会総会 11月9日 東京

20. 堤 治: 環境ホルモンと人類の未来 第18回秋田母性衛生学会 11月10日 秋田

21. 堤 治: 環境ホルモンと人類の未来 慈恵医大産婦人科学教室同窓会 11月16日東京

22. 堤 治: ヒト生殖機能への影響について 広島県地域環境計画協会 地球環境問題への地域としての取り組み—化学物質と健康—野生生物から子供まで 11月24日 広島

23. 堤 治: 内分泌攪乱物質の次世代影響 第5回内分泌攪乱科学物質問題に関する国際シンポジウム 11月26日 広島

24. 堤 治: 環境ホルモンと生殖医療 イムノアッセイ研究会 12月15日 東京

reproductive medicine, *Environmental Sciences* 9, 1: 1-11
3. Takeuchi T, Tsutsumi O: Serum bisphenol A concentrations showed gender differences, possibly linked to androgen levels. *Biochemical Biophysical Research Communications* 291: 76-78
4. Xu J, Osuga Y, *et al.*: Bisphenol A induces apoptosis and G2-to-Marrest of ovarian granulosa cells. *Biochemical Biophysical Research Communications* 292: 456-462
5. Osuga Y, Koga K, *et al.*: Role of laparoscopy in the treatment of endometriosis-associated infertility. *Gynecologic and Obstetric Investigation* 53: 33-39
6. Osuga Y, Yano T, *et al.*: Effects of gonadotropin-releasing hormone analog treatment on skin condition. *Gynecological Endocrinology* 16: 57-61
7. Tan X, Yano T, *et al.*: Cellular mechanisms of growth inhibition of human epithelial ovarian cancer cell line by lh-releasing hormone antagonist cetrorelix. *Journal of Clinical Endocrinology and Metabolism* 87(8): 3721-3727
8. Kurosawa T, Hiroi H, *et al.*: The activity of bisphenol A depends on both the estrogen receptor subtype and the cell type. *Endocrine Journal* 49(4): 465-471
9. Nakagawa S, Koga K, *et al.*: Case report. The evaluation of the sentine node successfully conducted in a case of malignant melanoma of the vagina. *Gynecologic Oncology* 86: 387-389
10. Fujimoto A, Osuga Y, *et al.*: Human chorionic gonadotropin combined with progesterone for luteal support improves pregnancy rate in patients with low late-midluteal estradiol levels in ivf cycles. *Journal of assisted reproduction and genetics* 19(12): 550-554
11. Fujita M, Ogawa S, *et al.*: Differential expression of secreted frizzled-related protein 4 in decidual cells during pregnancy. *Journal of Molecular Endocrinology* 28: 213-223
12. Momoeda M, Taketani Y, *et al.*: Is endometriosis really associated with pain? *Gynecologic and Obstetric Investigation* 54: 18-23
13. Ikezuki Y, Tsutsumi O, *et al.*: Determination of bisphenol A concentrations in human biological fluids reveals significant early prenatal exposure. *Human Reproduction* 17(11): 2839-2841
14. Fujita M, Urano T, *et al.*: Estorogen activates cyclin-dependent kinases 4 and 6 through of cyclin d in rat primary osteoblaste. *Biochemical and Biophysical Research Communications* 299(2): 222-8

邦文

1. 堤 治: 生殖と内分泌撹乱物質『新しい産科学』32-38 名古屋大学出版会
2. 堤 治: 母子の健康と環境問題 生活環境問題『助産学大系 6 母子の健康・生活科学 第3版』50-63 日本看護協会出版会
3. 堤 治: XY型性腺形成異常症『新女性医学大系 17 性の分化とその異常』157-161 中山書店
4. 堤 治:環境ホルモンと人類の未来『環境ホルモン学会ニュースレター』4(4): 1 環境ホルモン学会
5. 堤 治: 内分泌攪乱物質の女性生殖機能への影響『最新医学/特集 内分泌攪乱物質の基礎と臨床』57: 243-249 最新医学社
6. 堤 治: クローン技術『医学のあゆみ/知っておきたい200words 現代医学理解のために』200(13): 1137-1138 医歯薬出版
7. 堤 治: 環境ホルモンと生殖医療『図説ARTマニュアル』405-411 永井書店
8. 堤 治: 子宮内膜症の治療『子宮内膜症の治療/子宮内膜症——インフォームドコンセントのための図説シリーズ』26-31 医薬ジャーナル
9. 堤 治: 第46回日本不妊学会: 学会だよ

科の実際／特集 研修医のための図解産婦人科手術手技』50(11): 1731-1740 金原出版

27. 堤 治: 初期胚に対する環境ホルモンの低容量作用『日本内分泌撹乱化学物質学会誌／News Letter 研究最前線』4(3): 5 環境ホルモン学会

28. 堤 治: 婦人科疾患における低侵襲性手術の現状『臨床成人病』31(10): 1351-1354 東京医学社

学会発表

1. 堤 治: 子宮内膜症の最近の話題―環境ホルモンからGnRHaの新しい使い方まで―エンドメトリオーシス研究会 ランチョンセミナー 1月19日 大阪

2. 堤 治: 内分泌撹乱物質 科学技術財団内分泌撹乱物質研究報告会 1月25日 川口

3. 堤 治: 内分泌撹乱化学物質と生殖医療 科学技術振興事業団戦略的基礎研究推進事業(CREST)内分泌かく乱物質公開シンポジウム 2月6日 福岡

4. 堤 治: 環境ホルモンと人類の未来 江東・千葉西ブロック・江戸川区医師会産婦人科医会合同後研修会 2月14日 東京

5. Tsutsumi O: Endometriosis and dioxins: What is the connecton? U. S-Japan International workshop for Endocrine Disrupting Chemicals Mar. 5th Tsukuba

6. Tsutsumi O: Effects of Endocrine disruptors on preimplantaion embryo development. Recent progress in Endocrine Disruptor Research Mar. 5th Okazaki

7. 堤 治: 21世紀の婦人科腹腔鏡下手術―テレサージャリーの実技とその応用―日本産科婦人科学会総会 5月15日 札幌

8. 堤 治: 子宮内膜症治療の最近の話題 ネットカンファランス 5月23日 東京

9. 堤 治: 子宮内膜症の最近の話題 第7回新潟GnRH研究会 5月25日 新潟

10. 堤 治: 環境ホルモンと母性衛生 第19回東京母性衛生学会総会 6月3日 東京

11. 堤 治: 環境ホルモンと人類の未来 市民講座 生殖医療の進歩は私たちに希望をもたらすか 6月9日 名古屋

12. 堤 治: 環境ホルモンと生殖 豊島区医師会 6月20日 東京

13. 堤 治: 内分泌撹乱物質と生殖内分泌 第1回老年内分泌代謝研究会 7月13日 東京

14. 堤 治: 21世紀の子宮内膜症治療 アベンティスファーマメディカルセミナー 7月15日 小樽

15. 堤 治: 特別講演 環境ホルモンと生殖医療 第72回山形県産婦人科集談会 7月22日 山形

16. 堤 治: 子宮内膜症の治療と最近の話題 茨城県母性保護産婦人科医会 学術講演会 7月28日 水戸

17. 堤 治: 哺乳類の生殖機能への内分泌かく乱物質の影響 ニューロステロイド研究会 8月7日 東京

18. 堤 治: 子宮内膜症の治療 日本子宮内膜症協会セミナー 9月1日 東京

19. 堤 治: 環境ホルモンと生殖医療 東京産婦人科医会多摩支部連合会学術講演会 9月6日 八王子

20. 堤 治: 内分泌撹乱物質と生殖機能 環境ホルモンシンポジウム 9月19日 東京

21. Tsutsumi O: Endocrine disrupter and reproductive medicine. The Fourth Lilly International Symposium Oct. 6th Maihama

22. 堤 治: 環境ホルモンと人類の未来 第102回日本産科婦人科学会関東連合地方部会 10月21日 横浜

23. 堤 治: 環境ホルモンと生殖医療 第11回東京大学環境ホルモン安全研究センターシンポジウム 12月19日 東京

2002年

英文

1. Tsutsumi O: Endocrine disrupters and human reproduction. *Clinical and Pediatric Endocrinology* 11: 67-76

2. Tsutsumi O: Endocrine disruptors and

13. Sekine Y, Takai Y, *et al.*: The Participation of pharmacists in a team to introduce a clinical pathway to laparoscopic cystectomy in obstetrics and gynecology. *Yakugaku Zasshi* 121(12): 995-1004

邦文

1. 堤 治: 生殖と環境ホルモン『Hormone Frontier in Gynecology』8(1): 55-60 メディカルレビュー社

2. 堤 治: 環境ホルモンと人類の未来『三重母性衛生学会会報』

3. 堤 治: 内分泌撹乱物質と人類の未来『産婦人科の世界／増刊号 生殖医療の基礎と臨床』53: 270-276 医学の世界社

4. 堤 治: 子宮内膜症の増加と環境因子『臨床と薬物治療』20: 8-11 ELSEVIER JAPAN

5. 堤 治: 子宮内膜症と環境因子『日本臨床』59: 230-235 医学書院

6. 堤 治: 原発性無月経の診断と治療『ホルモンと臨床／特集 リプロダクティブヘルスと内分泌』49: 419-426 医学の世界社

7. 堤 治: 内分泌撹乱物質と生殖機能『Annual Review／内分泌、代謝』47-53 中外医学社

8. 堤 治: 内分泌攪乱化学物質『ホルモンと臨床／特別増刊号 臨床に役立つ内分泌疾患診療マニュアル2001』49: 31-34 医学の世界社

9. 堤 治: ロキタンスキー症候群『臨床婦人科産科』55: 251-253 医学書院

10. 堤 治: 子宮内膜症と環境因子『組織培養工学』27: 80-83 ニューサイエンス社

11. 堤 治: 不妊治療の基礎と臨床──卵子と精子のタイミングよい出会いをいかに演出するか『医学のあゆみ』196(7): 469-472 医歯薬出版

12. 堤 治: 遅発月経『産科と婦人科／増刊号 産婦人科ホルモン療法マニュアル』68: 7-11 診断と治療社

13. 堤 治: 多嚢胞性卵巣症候群『ホルモンと臨床／臨床に役立つ内分泌疾患診療マニュアル 2001年版』49: 179-181 医学の世界社

14. 堤 治: 先天性腟欠損症の腹腔鏡下造腟術『産婦人科手術のコツ その創意と工夫を伝承する』112-113 メディカルビュー社

15. 堤 治: 内分泌撹乱物質の生殖細胞・胚への影響『妊娠の生物学』31-137 永井書店

16. 堤 治: 原発性無月経『先端医学選書 知っておきたい月経異常の診断と治療』31-41 真興交易(株)医書出版部

17. 堤 治: 環境ホルモンと生殖機能『日本産科婦人科学会熊本地方部会雑誌』45: 9-15

18. 堤 治: 総論 診断法・治療法『安心／特集子宮内膜症』19(7):118-119 122-123 マキノ出版

19. 堤 治: Assisted Reproductive Technology 生殖補助医療技術『Journal of Clinical Rehabilitation』10(9): 805 医歯薬出版

20. 堤 治: 性分化はどのようにしておこるの『周産期医学／特集 赤ちゃんの不思議』31(7): 886-887 東京医学社

21. 堤 治: 内分泌撹乱化学物質の着床前初期胚への影響『生活と環境／特集 内分泌撹乱化学物質研究の最新の動向』(印刷中)

22. 堤 治: 子宮内膜症の最近の話題─環境ホルモンからGnRHaの新しい使い方まで─『エンドメトリオーシス研究会会誌』22: 27-32

23. 堤 治: 婦人科疾患に対する内視鏡下手術『medicina／内科医が知っておきたい外科的治療のUpdate』38(7): 1200-1201 医学書院

24. 堤 治: 子宮内膜症と環境因子『産婦人科治療／特集 子宮内膜症UpDate』83(4): 471-475 永井書店

25. 堤 治: 婦人科領域のトレーニング・システム『日鏡外会誌／特集 内視鏡下手術のトレーニング・システム』6(5): 397-401 日本内視鏡外科学会雑誌

26. 堤 治: 腹腔内へのアプローチ『産婦人

回日本最小侵襲整形外科研究会 12月10日 東京
34. 堤 治: 女性性器の解剖と術野の展開 第3回日本内視鏡学会 12月14日 大阪
35. 堤 治: 環境ホルモンと子宮内膜症 荒川区医師会講演会 12月15日 東京
36. Tsutsumi O: Environmental clisruptor and reproductive medicine. Third International Symposium on Environmental Disrupters Dec. 16th Yokohama
37. Tsutsumi O: In vitro effect on early developmental stage. Session 5 Low dose issue in ED reaction. Third International Symposium on Environmental Disrupters Dec. 18th Yokohama

その他

『GnRHアナログ療法の最前線』メディカルビジョン社（ビデオ）

2001年

英文

1. Takai Y, Tsutsumi O, *et al.*: Preimplantation exposure to bisphenol A advances postnatal development. *Reproductive Toxicology* 15: 71-74
2. Ryo E, Shiotsu H, *et al.*: Effects of pulsed ultrasound on development and glucose uptake of preimplantation mouse embryos. *Ultrasound in Medicine and Biology* 27(7): 999-1002
3. Osuga Y, Tsutsumi O, *et al.*: Usefulness of long jaw forceps in laparoscopic cornual resection for interstitial pregnancies. *Journal of the American Association of Gynecologic Laparoscopists* 8(3): 429-32
4. Osuga Y, Koga K, *et al.*: Evidence for the presence of keratinocyte growth factor (KGF) in human ovarian follicles. *Endocrine Journal* 48(2): 161-166
5. Tsuchiya F, Ikeda K, *et al.*: Molecular cloning and characterization of mouse ebag9, homolog of a human cancer associated surface antigen: expression and regulation by estrogen. *Biochemical and Biophysical Research Communications* 284(1): 2-10
6. Yoshino O, Osuga Y, *et al.*: Related articles evidence for the expression of interleukin (IL)-18, IL-18 receptor and IL-18 binding protein in the human endometrium. *Molecular Human Reproduction* 7(7): 649-54
7. Kugu K, Momoeda M, *et al.*: Is an elevation in basal follicle-stimulating hormone levels in unexplained infertility predicitive of fecundity regardless of age? *Endocrine Journal* 48(6): 711-715
8. Koga K, Osuga Y, *et al.*: Demonstration of angiogenin in human endometrium and its enhanced expression in endometrial tissues in the secretory phase and the decidya. *Journal of Clinical Endocrinology and Metabolism* 86(11): 5609-5614
9. Morita Y, Tsutsumi O, Taketani Y: Regulatory mechanisms of female GermCellapoptosis during embryonic development. *Endocrine journal* 48(3): 289-301
10. Morita Y, DV Maravei, *et al.*: Caspase-2 deficiency prevents programmed germ cell death resulting from cytokine insufficiency but noto meiotic defects caused by loss of ataxia telangi. *Cell Death and Differentiation* (8): 614-620
11. Fujimoto A, Osuga Y, *et al.*: Successful laparoscopic treatment of tleo-cecal endometriosis producing bowel obstruction. *Journal Obsterics and Gynecology Research* 27(4): 221-223
12. Kobayashi S, Umemura H, *et al.*: No evidence of peg1/mest gene mutations in silver-russell syndrome patients. *American Journal of Medicine Genetics* 104: 225-231

学会発表

1. 堤 治: 環境ホルモンと子宮内膜症 SSセミナー 1月8日 東京

2. 堤 治: 胎児発育の機序と病態に関する研究 小児医療研究委託事業研究報告会 1月26日 東京

3. 堤 治: 環境ホルモンと妊娠・母乳 第101回日産婦鹿児島県地方部会 1月29日 鹿児島

4. 堤 治: 不妊治療の最前線 第4回日研シンポジウム 経団連会館(国際会議場) 2月12日

5. 堤 治: ダイオキシン類の汚染状況及び子宮内膜症等健康影響に関する研究 平成10年度生活安全総合研究成果報告会(厚生科学研究費) 2月15日 東京

6. 堤 治: 環境ホルモンとその問題点 第65回山口県医師会生涯研修セミナー・日本医師会生涯教育講座 2月20日 山口

7. 堤 治: ヒトの性分化とその異常 第4回日本内分泌攪乱化学物質学会講演会 2月28日 東京

8. 堤 治: 性腺・精巣組織における内分泌攪乱の実態の解明 科学技術庁振興調整費班会議 2月29日 筑波

9. 堤 治: 内分泌攪乱物質と生殖医療 第5回鳥取生殖医学セミナー 3月16日 米子

10. 堤 治: 環境ホルモンと生殖機能 異分野交流セミナー八ヶ岳 3月29日 長野

11. 堤 治: 環境ホルモンと生殖医療 第15回更埴産婦人科医会学術講演会 5月20日 長野

12. 堤 治: 環境ホルモンとその問題点 目黒区医師会第2回講演会 5月24日 東京

13. 堤 治: 環境ホルモン汚染と問題点 日本産科婦人科学会公開講座 5月27日 金沢

14. 堤 治: 環境ホルモンと生殖医療 第5回環境ホルモン学会講演会 6月7日 東京

15. 堤 治: 内分泌攪乱化学物質の問題点について 第73回日本内分泌学会 6月16日 京都

16. 堤 治: 内分泌攪乱物質の問題点 山口県内分泌研究会 6月30日 山口

17. 堤 治: 環境ホルモンと生殖機能 日産婦学会熊本地方部会第174回学術講演会 7月1日 熊本

18. 堤 治: 環境ホルモンと生殖 葛飾産婦人科医会 7月21日 東京

19. 堤 治: 環境ホルモンと生殖機能 茨城県内分泌研究会 8月23日 茨城

20. 堤 治: 内分泌攪乱物質と生殖医療 第33回香川臨床内分泌研究会 9月1日 香川

21. 堤 治: 子宮内膜症の最近の話題ー病因論から最新の治療法までー 世界産科婦人科学会議シンポジウム 9月6日 ワシントンDC

22. 堤 治: 環境ホルモンと母性 第41回日本母性衛生学会総会 9月28日 岐阜

23. 堤 治: 特別講演 環境ホルモンとウーマンズ・ヘルス 第5回和歌山ウーマンズ・ヘルス懇話会 9月30日 和歌山

24. 堤 治: 子宮内膜症とダイオキシン JEMAミレニアム日米子宮内膜症フォーラム 10月4日 東京

25. 堤 治: 特別講演 産婦人科における内視鏡手術の現況と将来 千葉内視鏡フォーラム 10月6日 千葉

26. 堤 治: 特別講演 婦人科領域の腹腔鏡下手術の現況と将来 第6回四国婦人科内視鏡懇話会 10月7日 徳島

27. 堤 治: 環境ホルモンと生殖医療 第51回南信医学会 10月14日 諏訪

28. 堤 治: 特別講演 環境ホルモンと人類の未来 第15回三重母性衛生学会総会 10月21日 津

29. 堤 治: ランチョンセミナー 子宮内膜症の最近の話題 日本産科婦人科学会関東連合地方部会 10月22日 大宮

30. 堤 治: 特別講演 内分泌攪乱物質と生殖機能 第45回日本不妊学会 11月23日 神戸

31. 堤 治: 内分泌攪乱物質(環境ホルモン)と生殖内分泌学 第19回北陸合同内分泌・代謝談話会 11月25日 金沢

32. 堤 治: 環境ホルモンと人類の未来 銚子産婦人科医会 12月1日 銚子

33. 堤 治: 最小侵襲手術の婦人科領域における応用とその教育・トレーニング 第6

16. Kamei Y, Takeda Y, *et al.*: Human NB-2 of the contactin subgroup molecules: chromosomal localization of the gene (CNTN5) and distinct expression pattern from other subgroup members. *Genomics* 69(1): 113-119
17. Osuga Y, Koga K, *et al.*: Stem Cell Factor (SCF) concentrations in peritoneal fluid of women with or without endometriosis. *American Journal of Reproductive Immunology* 44(4): 231-235
18. Inoue S, Ogawa S, *et al.*: An estrogen receptor beta isoform that lacks exon 5 has dominant negative activity on both ERalpha and ERbeta. *Biochemical and Biophysical Research Communications* 279(3): 814-819
19. Matsumi H, Yano T, *et al.*: Expression and localization of inducible nitric oxide synthase in the rat ovary: a possible involvement of nitric oxide in the follicular development. *Endocrine Journal* 243: 67-72

邦文

1. 堤 治: 月経異常の診断の進め方『内科／特集 内分泌Up-to-Date』85: 50-55 南江堂
2. 堤 治: 母子保健と子宮内膜症『月刊 母子保健』489: 7 母子保健事業団
3. 堤 治: 内分泌撹乱物質とその問題点『BIO Clinica ／内分泌撹乱物質』15(2): 16-17 北隆館
4. 堤 治: ヒト(女性)の生殖への影響『ドクターサロン』44: 129-132 杏林製薬
5. 堤 治: 環境ホルモンによる生殖障害『内科／内科診療におけるpros.&cons.』85(3): 569-572 南江堂
6. 堤 治: 産婦人科における内視鏡下手術の展望『日本内視鏡外科学会雑誌／21世紀の内視鏡下手術の展望』5(1): 57-60 医学書院
7. 堤 治: 内視鏡手術の機器・器具『オペナーシング／内視鏡手術ケアマニュアル』15: 330-334 メディカ出版
8. 堤 治、高井泰: 母体血清マーカー『Lab-Topics ／ Excerpta Medica Newsletter』21(1): 4
9. 堤 治、生月弓子: 内分泌撹乱物質に対する治療学的アプローチ——ダイオキシンの体外排出除去の可能性『治療学』34(5): 542-543 ライフサイエンス出版
10. 堤 治、森田昌敏、紫芝良昌: 座談会 内分泌撹乱物質の状況とヒトへの影響『治療学』34(5): 545-555 ライフサイエンス出版
11. 堤 治、小島俊行: プライマリケアにおける褥婦の診方『治療／特集 総合的な女性の健康をめざして』82(7): 1929-1934 南山堂
12. 堤 治: 環境ホルモンと妊娠・母乳『日本産科婦人科学会鹿児島地方部会雑誌』8: 9-13
13. 堤 治、難波聡: 性分化『新女性医学大系 18 思春期医学』3-13 中山書店
14. 堤 治: 低用量ピルののみかた『きょうの健康』116-117 NHK出版
15. 堤 治、吉村泰典、陳瑞東監修: 子宮内膜症『女性のからだと健康』104-112 暮らしの手帖社
16. 堤 治: 環境ホルモンと生殖医療『日本内分泌撹乱化学物質学会 第5回講演会テキスト』10-21
17. 堤 治: 内分泌撹乱化学物質の着床前初期胚への直接作用『日本臨床／特集 内分泌撹乱化学物質』58: 2464-2468 医学書院
18. 堤 治: 生殖医療 assisted reproductive technologyの現況と将来『医学のあゆみ／特集 21世紀に期待される医学・医療』195(13): 936-939 医歯薬出版
19. 堤 治: 内視鏡の手術の基本手技 腹腔鏡『新女性医学大系 6 産婦人科手術の基礎』320-332 中山書店
20. 堤 治: 内分泌撹乱化学物質『HormoneFrontier ／特集 子宮内膜症―その病態を探る―』7(3): 283-288 メディカルレビュー社

環境ホルモン関連主要業績

2000年

英文

1. Tsutsumi O, Momoeda M, *et al.*: Breast fed infants, possibly exposed to dioxins, unexpectedly have decreased incidence of endometriosis in the later life. *International Journal of Gynecology and Obstetrics* 68(2): 151-153

2. Osuga Ji, Ishibashi S, *et al.*: Targeted disruption of hormone——sensitive lipase results in male sterility and adipocyte hypertrophy, but not in obesity. *Proceedings of The National Academy of Sciences of the United States of America* 97(2): 787-792

3. Maruyama M, Osuga Y, *et al.*: Pregnancy rates after laparoscopic treatment. Differences related to tubal status and presence of endometriosis. *Journal of Reproductive Medicine* 45(2): 89-93

4. Takai Y, Tsutsumi O, *et al.*: Estrogen receptor-mediated effects of a xenoestrogen, bisphenol A, on preimplantation mouse embryos. *Biochemical and Biophysical Research Communications* 270(3): 918-921

5. Hiroi H, Momoeda M, *et al.*: An earlier menopause as clinical manifestation of granulosa-cell tumor: a case report. *Journal of Obstetrics and Gynecology Research* 26(1): 9-12

6. Ikeda K, Sato M, *et al.*: Promoter analysis and chromosomal mapping of human EBAG9 gene. *Biochemical and Biophysical Research Communications* 273(2): 654-660

7. Takeuchi T, Tsutsumi O: Basal leptin concentrations in women with normal and dysfunctional ovarian conditions. *International Journal of Gynecology and Obstetrics* 69(2): 127-133

8. Okutsu T, Kuroiwa Y, *et al.*: Expression and imprinting status of human PEG8/IGF2AS, a paternally expressed antisense transcript from the IGF2 locus, in Wilms' Tumors. *Journal of Biochemistry* 127(3): 475-483

9. Morita Y, Nishii O, *et al.*: Parvovirous infection after laparoscopic hysterectomy utilizing fibrin glue hemostasis. *Obstetrics and Gynecology* 95(6): 1026

10. Matsumi H, Yano T, *et al.*: Regulation of nitric oxide synthase to promote cytostasis in ovarian follicular development. *Biology of Reproduction* 63(1): 141-146

11. Saito H, Tsutsumi O, *et al.*: Do assisted reproductive technologies have effects on the demography of monozygotic twinning? *Fertility and Sterility* 74(1): 178-179

12. Hiroi H, Kozuma S, *et al.*: A fetus with Prader-Willi syndrome showing normal diurnal rhythm and abnormal ultradian rhythm on heart rate monitoring. *Fetal Diagnosis and Therapy* 15(5): 304-307

13. Takai Y, Tsutsumi O, *et al.*: A case of XY pure gonadal dysgenesis wiath 46, XYp-/47, XXYp- karyotype whose gonadoblastoma was removed laparoscopically. *Gynecologic and Obstetric Investigation* 50(3): 166-169

14. Koga K, Osuga Y, *et al.*: Evidence for the presence of angiogenin in human follicular fluid and the upregulation of its production by human chorionic gonadotropin and hypoxia. *Journal of Clinical Endocrinology and Metabolism* 85(9): 3352-3355

15. Koga K, Osuga Y, *et al.*: Increased soluble tumor necrosis factor receptor (sTNFR I) and sTNFR II levels in peritoneal fluid in women with endometriosis. *Molecular Human Reproduction* 6(10): 929-933

堤 治　つつみ　おさむ

東京大学医学部産科婦人科教授。１９５０年埼玉県秩父市生まれ。東京大学医学部医学科卒業。長野赤十字病院、米国ＮＩＨ留学等を経て現職。専門は不妊症、子宮内膜症、腹腔鏡下手術、生殖内分泌学、環境ホルモン、性の分化。

主な著書に『授かる』（朝日出版社）、『新版　生殖医療のすべて』（丸善）、『出産&産後大全科』（主婦の友社）、『入門　婦人科腹腔鏡下手術』（メジカルビュー社）などがある。

本書の感想や著者へのお便りは、左記のＵＲＬにアクセスして、メールでお送りください。

http://www.dr-tsutsumi.jp/kankyo/

環境生殖学入門

毒か薬か　環境ホルモン

二〇〇五年五月二十九日　初版第一刷発行

著者　堤　治
イラスト　阿部伸二
デザイン　吉野愛
編集担当　赤井茂樹／鈴木久仁子／大槻美和（朝日出版社第二編集部）
発行者　原雅久
発行所　株式会社朝日出版社
〒一〇一―〇〇六五　東京都千代田区西神田三―三―五
電話　〇三―三二六三―三三二一　ファックス　〇三―五二二六―九五九九
印刷・製本　凸版印刷株式会社

ISBN4-255-00322-X C0095

授かる
不妊治療と子どもをもつこと

東京大学医学部　産科婦人科教授　堤治　著

病院に行く前に知っておきたい、不妊治療のすべて。いまやカップルの「7組に1組」といわれるほど増えている不妊症の原因・治療法をわかりやすく解説。不妊に悩む、ひとりひとりのこころとからだをサポートする。治療を受けたひとたちの声を多数紹介。

四六判／372ページ／定価：本体1700円＋税
ISBN4-255-00237-1